刚竹毒蛾（*Pantana phyllostachysae*）幼虫

黄脊竹蝗（*Ceracris kiangsu*）成虫

竹小斑蛾（*Artona funeralis*）幼虫

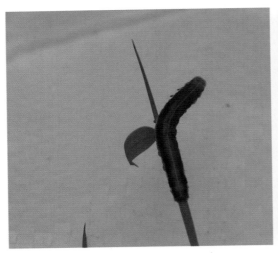

竹镂舟蛾（*Loudonta dispar*）幼虫　　　　华竹毒蛾（*Pantana sinica*）幼虫

竹箎舟蛾（*Besaia goddrica*）幼虫

异歧蔗蝗（*Hieroglyphus tonkinensis*）成虫

淡竹毒蛾（*Pantana simplex*）幼虫

青脊竹蝗（*Ceracris nigricornis*）成虫

喷粉防治

诱杀黄脊竹蝗成虫（*Ceracris kiangsu*）

植保无人机

无人机喷药防治

喷烟防治

地面喷雾防治

# 主要捕食性天敌益鸟

大山雀 (*Parus major*)

山麻雀 (*Passer rutilans*)

赤胸啄木鸟 (*Dryobates cathpharius*)

栗啄木鸟 (*Micropternus brachyurus*)

红嘴长尾蓝雀 (*Urocissa erythrorhyncha*)

竹啄木鸟 (*Gecinulus grantia*)

# 主要捕食性天敌昆虫

中华大刀螂（*Paratenodera sinensis*）

广腹螳螂（*Hierodula patellifera*）

二色赤猎蝽（*Haematoloecha nigrorufa*）

红头芫菁（*Epicauta ruficeps*）

黄足猎蝽（*Sirthenea flavipes*）

华姬猎蝽（*Nabis sinoferus*）

# 主栽竹种食叶害虫
## 无公害防治实用技术

洪宜聪　许春枝　沈彩霞　郭宝宝　郑双全◎著

中国林业出版社

·北京·

图书在版编目（CIP）数据

主栽竹种食叶害虫无公害防治实用技术 / 洪宜聪等著.
— 北京：中国林业出版社，2021.6
ISBN 978-7-5219-1126-8

Ⅰ. ①主… Ⅱ. ①洪… Ⅲ. ①杨树 - 食叶害虫 - 病虫
害防治 Ⅳ. ① S763.721.1

中国版本图书馆 CIP 数据核字（2021）第 067047 号

中国林业出版社

责任编辑：于晓文　于界芬

出版发行：中国林业出版社（100009　北京西城区德内大街刘海胡同 7 号）
网　　站：http://www.forestry.gov.cn/lycb.html
印　　刷：三河市双升印务有限公司
电　　话：(010) 83143542　83143549
版　　次：2021 年 6 月第 1 版
印　　次：2021 年 6 月第 1 次
开　　本：710mm×1000mm　1/16
印　　张：7.5　彩插 8 面
字　　数：116 千字
定　　价：58.00 元

# 前　言

　　进入 21 世纪以来，人们对食品的要求已从数量型转化为质量型，环境安全和食品安全已引起了各方的高度重视。农药残留的检测结果资料显示，各地竹笋中存在着不同程度的农药污染问题，表明现阶段竹农仍存在一定规模滥用化学农药的现象。化学农药具有高效广谱的杀虫效果，在有害生物的防控中发挥了巨大作用，但由于其属剧毒类农药，但在自然条件下较稳定不易分解残留高，在土壤、农林产品中均能检测出。

　　在竹类病虫害防治中，林权经营者大多是喷施溴氰菊酯、毒死蜱和吡虫啉等化学农药，虽然暂时能起到杀虫控灾的作用，但也带来了许多负面影响，造成害虫产生抗药性、农药残留超标和有益天敌与非靶标生物被大量杀死等问题。造成环境污染加剧，破坏了森林的生态系统，林内生物多样性锐减，林分自身抵御自然灾害的能力进一步削弱，产生了林木主要害虫连年发生、暴发成灾的恶性循环局面。

　　选择只对靶标昆虫作用，对人类和环境安好的农药，将它们运用于防控竹类食叶害虫，已成为生产上急需解决的课题。生物农药来源于自然，只对靶向昆虫起作用，能在自然界降解，对环境安全性好，不会污染环境及农产品，在环境和人体中积累毒性的可能性不大，对人和牲畜相对安全，对害虫天敌伤害小，且害虫对其难以产生抗体，具有低毒、低残留和环保的特点，能够保持农产品的高品质，是生产无公害农产品应优先选用的农药品种。

　　推广竹类食叶害虫无公害防治技术，制定出适应竹业生产的环保、高效的防治方法与措施，有利于有效控制竹类害虫种群数量增长，避免或减少虫害造成的经济损失，维护林分生物多样性，厚植林分抵御自然灾害的能力，是解决我国土壤、竹笋化学农药残留的主要途径。

本书较全面、系统地介绍了有关主栽竹种食叶害虫无公害防治实用技术知识，旨在推广竹类食叶害虫无公害的防治技术，科学避免或减少害虫造成的经济损失，破解滥用化学农药的难题，保护人类赖以生存的环境，维护好竹林的生态系统，保持林分的生物多样性，降低病虫害暴发的几率，践行"绿水青山就是金山银山"的绿色发展理念，促进竹产业的可持续发展，保障竹笋质量和环境安全，满足国内外市场对优质竹笋的大量需求，厚培竹产业发展优势，提高区域竹产业整体水平，为深化林业改革提供科技服务。

　　全书共7章，系统地介绍了当前主栽竹种食叶害虫防治现状、生物农药、植物源农药、微生物源农药、生物化学农药、施药技术、主要食叶害虫种类及防治等。在编写过程中，笔者力求科学性、可操作性，文字注重通俗易懂。

　　本书在编写过程中得到了陈双林、李建民、黄焕华、丁 珌的指导，以及中国林业科学研究院亚热带林业研究所、广东省林业科学研究院、福建省林业科学研究院、福建省三明市林业局、福建省沙县林业局等部门的支持，在此一并致谢。由于时间和水平限制，书中难免存在错误和不足之处，敬请广大读者批评指正。

著　者

2020 年 11 月

# 目　录

# 第一章
# 概　述

## 一、我国竹类资源的种类与现状

我国是世界竹类植物的起源和分布中心之一，是世界上竹资源最丰富的国家，竹子种类、竹林面积和竹资源蓄积量均居世界之首，被誉为"竹子王国"。

竹类资源是森林资源的重要组成部分，它适应性强、生长快、产量高、用途广，兼具良好的经济、社会和生态效益。在林业发展和建设中有着十分重要的作用，它既能提供经济发展所需要的原材料，又能提供群众喜爱的食用竹笋。在加速山区经济发展、促进农村脱贫致富、合理调整山区产业结构、吸收农村剩余劳动力、改善生态环境等诸多方面均发挥了巨大作用。此外，竹子形态多姿优美、四季常绿、观赏价值高，被广泛用于美化环境和风景园林业，为人们提供了良好的旅游和休闲康养场所。因此，竹子在水土保持、环境保护和旅游发展方面也有重要意义。

### （一）我国竹子资源现状

相关资料记载表明，全世界竹林总面积约 1400 万 hm$^2$，种类超过 850 种。我国竹子共 22 属 500 多种，占世界竹子种类的 60%。竹林面积 379 万 hm$^2$，占世界竹林面积的 27%。在全国有林地面积中竹林面积占 2.95%，天然竹林面积为 274.17 万 hm²，占 72.3%；人工竹林面积 104.91 万 hm²，占 27.7%，为人工林面积的 3.06%。

我国竹林地理分布范围很广，自然分布于北纬 18°～35°、东经 85°～122°，东起台湾省，西至西藏聂拉木地区，南至海南省，北至黄河流域。主要分布于江苏、浙江、安徽、福建、江西、河南、湖北、湖南、广东、广西、海南、四川、重庆、贵州、云南、陕西等 16 个省（自治区、直辖市），以福建、江西、浙江和湖南分布最多，约占全国竹林总面积的 60%。主要分布于热带和亚热带地区，以长江流域以南海拔为 100～800m 丘陵山地分布最广且生长最旺盛。福建省为我国竹林第一大省，竹林面积占据榜首。

### （二）主栽竹种的种类与现状

我国竹类资源丰富，目前主栽的竹种主要有毛竹（*Phyllostachys edulis*）、苦竹（*Pleioblastus amarus*）、麻竹（*Dendrocalamus latiflorus*）、绿竹（*Dendrocalamopsis oldhami*）、刚竹（*Phyllostachys sulphurea* var.'Viridis'）、黄甜竹（*Acidosasa edulis*）、方竹（*Chimonobambusa quadrangularis*）、肿节少穗竹（*Oligostachyum oedogonatum*）、雷竹（*Phyllostachys praecox* 'Prevernalis'）、慈竹（*Bambusa emeiensis*）、白夹竹（*Phyllostachys bissetii*）和灰竹（*Phyllostachys nuda*）等。这些竹类资源已形成规模化经营，不但为工业提供竹材，在一定程度上发挥了其生态作用，而且为我们提供丰富竹笋资源，在区域社会经济发展和振兴乡村经济中发挥着巨大的作用，已成为当地的一大支柱产业，是山区农民家庭经济收入的主要来源。

## 二、竹林农药残留现状与分析

### （一）农药残留现状

近年来，随着竹林集约经营水平的提高和高效栽培技术的推广，竹林经济产出提高迅速，尤其是竹笋产量，不仅满足了市场的需求，同时也显著地提高了竹农的经济收益。然而，在竹业的发展过程中，也存在着一些涉及竹产业可持续发展的现实问题，其中，竹笋质量安全是一个重要方面。竹笋的安全卫生指标主要包括三个方面的内容：农药残留、有害重金属及微生物污染，这些主要由竹笋经营生产过程中采取的措施不当，如大量化学制品施用和竹林环境（土壤、水系和大气等）受到工业、农业和生活等的污染所造成。

### （二）农药残留主要因素

从近年来各地竹笋农药残留的检测资料分析，竹笋中存在着不同程度的农药污染问题，农药残留种类主要为有机磷类和有机氯类等化学农药。化学农药具有高效广谱的杀虫效果，但由于其属剧毒类农药，但在自然条件下较稳定不易分解，目前在竹林土壤、竹笋中均能检测出，局部地区残留量还有偏高的现象，说明现阶段竹林仍存在着滥用化学农药的现象，甚至形成一定的使用规模。

## 三、竹类食叶害虫种类及防治现状

### （一）竹类食叶害虫种类

主栽竹种的害虫种类较多，其中取食为害竹叶的主要有刚竹毒蛾（*Pantana phyllostachysae*）、黄脊竹蝗（*Ceracris kiangsu*）、青脊竹蝗（*Ceracris nigricornis*）、竹镂舟蛾（*Loudonta dispar*）、淡竹毒蛾（*Pantana simplex*）、黄纹竹斑蛾（*Allobremeria plurilineata*）、竹小斑蛾（*Artona funeralis*）、华竹毒蛾（*Pantana sinica*）、竹绒野螟（*Crocidophora evenoralis*）、竹褐弄蝶（*Matapa aria*）、竹篦舟蛾（*Besaia goddrica*（Schaus，1928））和异歧蔗蝗（*Hieroglyphus tonkinensis*）等害虫。

## （二）竹类害虫危害性

这些食叶害虫各自以幼虫，或若虫，或成虫取食为害竹叶，轻者影响竹林健康生长，使出笋量锐减。重者竹林如同火烧，新竹被害即枯死，老竹被害后2～3年内不发新笋，被害竹的竹腔积水，纤维腐败，造成竹子使用价值下降，竹林逐渐衰败。

## （三）食叶害虫防治现状

近年来，福建、江西、浙江、湖南、广东和广西等长江以南省（自治区）的竹林连续遭受各种食叶害虫为害。在防治上竹林经营者大多采用喷雾、喷粉和喷烟等技术手段施放化学农药。虽可达到控灾目的，但却花费了不少人力、物力和财力，还造成了不同程度的环境污染、农药残留和药害产生等"3R"问题，而且一段时间后害虫又卷土重来猖獗为害。

生产上经常使用化学农药防治害虫，尽管其在人类社会发展中起着重要作用，但是化学农药频繁使用所带来的风险也必须予以高度关注。近年来，人们已关注到有机氯、有机磷酸酯、氨基甲酸酯类和拟除虫菊酯等4类主要化学杀虫剂因毒性和在环境中不易分解的问题，有些合成农药有效成分除了会影响人类和动物健康外，过度或者不当使用还会导致：一是害虫抗药性逐渐产生；二是化学农药残留物通过食物链污染水、土壤和空气，造成环境污染；三是林中天敌，包括有益和非靶标生物和昆虫亦被大量杀死；四是破坏了森林的生态系统，林分自身抵御自然灾害的能力被削弱，造成林木主要害虫连年发生，暴发成灾的恶性循环局面；五是林分内生物和鸟类受到影响或引起后代遗传缺陷。

国外对竹笋农药残留量要求有严格标准，检测手段和方法很多，最大允许残留量限量值（MRL）低，如欧盟新的农残标准最常检测的11种标准中，包含菊酯类（氰戊菊酯、联苯菊酯、甲氰菊酯、氯氰菊酯、溴氰菊酯）。而目前各地在竹林害虫防治中，溴氰菊酯、毒死蜱和吡虫啉等作为推荐使用农药，如使用不当，易造成竹笋农药残留超标问题。

### （四）生物农药应用

随着科学技术的发展，人类已研发出各种新型无公害农药，新农药不再强调快速杀死害虫，而是要求害虫不再取食或减少取食为害，昆虫拒食剂、忌避剂、生长发育抑制剂成为新农药发展的新亮点，新农药具有低毒低残留、对有害生物高效、与环境和谐和对非靶标生物相对安全等优点，其使用更加安全、对环境压力小，这为其替代高毒农药提供了坚实的理论支撑和物质保障，其生态效益和社会效益十分显著。植物源农药作为全球公认的最优秀的生物农药，它使植物保护工作的目的回归到保护作物，而不是杀死害虫。如印楝素，作为天然的典型昆虫拒食剂，属非杀生型、缓效型农药，它引领了"和谐植保""生态植保"的植物保护可持续发展方向。

选择只对靶标昆虫作用，对人类和环境安好的农药，将它们运用于笋用林食叶害虫的防控，已成为急需解决的课题。生物农药来源于自然，能在自然界降解，不会污染环境及农产品，在环境和人体中积累毒性的可能性不大，对人和牲畜相对安全，对害虫天敌伤害小，且害虫对其难以产生抗体，具有低毒、低残留的特点，能够保持农产品的高品质。

近年来，微生物农药、植物源农药、生物合成抑制昆虫某个阶段生长发育的制剂开始应用于林业有害生物防治，它们对人类的环境安好，一定程度上是高效的化学农药剂的补充或替代品。微生物农药是自然存在，能对靶向昆虫种群起控制作用，与环境相容性好。植物源杀虫剂是通过从具备杀虫特效的植物中提取有效成分，加入助剂溶解后的药剂。其有效成分来源于植物体，在林木害虫防治中具有对环境友好、毒性普遍较低、不易使害虫产生抗药性等优点，是生产无公害农产品应优先选用的农药品种。利用某些具有使害虫致死习性生物和生长调节激素生产出制剂，只对靶向昆虫起作用，对环境安全性好。

# 第二章
# 生物农药

生物农药（biological pesticide）是指利用生物活体（真菌、细菌、昆虫病毒、转基因生物、天敌等）或其代谢产物（信息素、生长素、萘乙酸、2，4-D 等）对害虫、病菌、杂草、线虫、鼠类等有害生物进行防治的一类农药制剂，或者是通过仿生合成具有特异作用的农药制剂。同时生物农药对相应的害虫不会直接完全毒杀，而是控制害虫生物种群数量不会严重影响到该植物种群的生产和繁衍。

## 一、生物农药概念与种类

### （一）生物农药概念

生物农药一般是天然化合物或遗传基因修饰剂，主要包括生物化学农药（信息素、激素、植物调节剂、昆虫生长调节剂）和微生物农药（真菌、细菌、昆虫病毒、原生动物或经遗传改造的微生物）两个部分。

### （二）生物农药种类

按照成分和来源，生物农药可分为微生物活体农药、微生物代谢产物农药、植物源农药、动物源农药 4 个部分。

按照防治对象，生物农药可分为杀虫剂、杀菌剂、除草剂、杀螨剂、杀鼠剂和植物生长调节剂等。就其利用对象而言，生物农药一般分为直接利用生物活体和利用源于生物的生理活性物质两大类，前者包括细菌、真菌、线虫、病毒及颉颃微生物等，后者包括农用抗生素、植物生长调节剂、性信息素、摄食抑制剂、保幼激素和源于植物的生理活性物质等。

目前我国生物农药类型包括微生物农药、农用抗生素、植物源农药、生物化学农药和天敌昆虫农药、植物生长调节剂类农药等 6 大类型，已有多个生物农药产品获得广泛应用，如井冈霉素、苏云金杆菌、赤霉素、阿维菌素、春雷霉素、白僵菌、绿僵菌。

## 二、生物农药特点

### （一）生物农药优势

生物农药有五大优势，即：生物农药的毒性通常比传统农药低；选择性强，对人畜安全，它们只对目的病虫和与其紧密相关的少数有机体起作用，而对人类、鸟类、其他昆虫和哺乳动物无害；高效、低残留，很少量的生物农药即能发挥高效能作用，而且它通常能迅速分解，从而避免了由传统农药带来的环境污染问题；害虫不易产生抗药性；可作为病虫综合防治项目 IPMP 的一个组成成分，能极大地降低传统农药的使用，而不影响作物产量。

### （二）生物农药特点

#### 1. 不易产生抗药性

生物农药有着传统化学农药不可比拟的作用，传统化学农药使用过多，许多害虫产生了抗药性，害虫抗药性越来越强，对于常规农药很难把害虫杀死。而生物农药的特性是指药剂的适用范围、作用途径、成效成分和作用机理等，例如苏利菌、菌杀敌、敌宝等，它们的有效成分都是苏云金杆菌，应用范围都是对鳞翅目幼虫有毒杀作用，对蚜类、螨类、蚧类害虫无效；杀虫作用途径均是胃毒，作用机理为其菌株可产生内毒素（伴胞晶体）和外毒素两类毒素，它们作用于虫体的中肠上皮细胞，引起肠道麻痹、穿孔、虫体瘫痪、停止取食，随后苏云金杆菌进入血腔繁殖，引起白血症，害虫均因饥饿、细胞壁破裂、血液败坏和神经中毒而死，同时死亡后的虫体还可感染其他未接触过农药的同类害虫。

### 2. 选择性强，对生态环境影响小

生物农药主要是利用某些特殊微生物或微生物的代谢产物所具有的杀虫、防病、促生功能。其有效活性成分完全存在和来源于自然生态系统，它的最大特点是极易被日光、植物或各种土壤微生物分解，是一种来于自然，回归于自然正常的物质循环方式。因此，生物农药具有低毒、无残留、作用迟缓、持效期长的特点。与化学农药相比，生物农药只对病虫害有作用，对人、畜及各种有益生物（包括动物天敌、昆虫天敌、蜜蜂、传粉昆虫及鱼、虾等水生生物）比较安全，对非靶标生物的影响也比较小，对自然生态环境安全，不会对环境造成污染。

### 3. 作用时间长

一些生物农药品种（昆虫病原真菌、昆虫病毒、昆虫微孢子虫、昆虫病原线虫等），具有在害虫群体中的水平或经卵垂直传播能力，在野外一定的条件之下，具有定殖、扩散和发展流行的能力。不但可以对当年当代的有害生物发挥控制作用，而且对后代或者翌年的有害生物种群起到一定的抑制，具有明显的后效作用。

### 4. 混合使用增效

生物农药还可以和生物杀虫剂、生物杀菌剂混配使用，化学杀虫剂大多数呈现酸性或生理中性，对细菌、真菌没有抑杀作用和中和反应，因此可以充分混配。生物杀菌剂可以和多数化学药剂、生物药剂混配，但不可与碱性药物混配，只有少数药剂不可与酸性药剂混配，如木霉菌类药剂可以与多数

生物杀虫剂和化学杀虫剂同时混用。

### 5. 原料来源广泛

目前国内生产加工生物农药，一般主要利用天然可再生资源（如农副产品的玉米、豆饼、鱼粉、麦麸或某些植物体等），原材料的来源十分广泛、生产成本比较低廉。

## 三、生物农药使用注意事项

生物农药既不污染环境、不毒害人畜、不伤害天敌，更不会诱发抗药性的产生，是目前大力推广的高效、低毒、低残留的无公害农药。在使用生物农药过程中必须注意温度、湿度和光照等因素。

### （一）温度和湿度

有的生物农药剂对温度和湿度有效高的要求，它需要在一定的温度或湿度条件下才能发挥杀虫作用，因此在使用时应在温度、湿度充分满足的情况下使用，以免造成不必要的浪费且耽误防治最佳时机。

### （二）光照

大多数的生物农药剂都不耐受紫外线照射，要求在阴天或光照强度较弱时使用，否则在光照的强紫外线照射下失去活性，无法达到杀虫的目的，同样造成不必要的浪费和耽误防治最佳时机。

### （三）不可与碱性药物混配

生物农药还可以和部分杀虫剂混配使用并起增效作用。碱性物质会使生物农药分解失效，因此生物农药不可与碱性药物混配。如生物杀菌剂与多数化学药剂、生物药剂的混配使用，化学杀虫剂、生物药剂大多数呈现酸性、生理中性，对细菌、真菌没有抑杀作用和中和反应，因此可以充分混配。只有少数药种不可与酸性药剂混配。

### （四）施药器具清洗

用药前应把施药器具清洗干净方可配制和使用，施药器具须保持清洁无污染，施药时应尽量避免强光高温才不至影响作用效果。

# 第三章
# 植物源农药

## 一、植物源农药概念

### （一）定义

植物性农药属生物农药范畴内的一个分支。它指利用植物所含的稳定的有效成分，按一定的方法对受体植物进行使用后，使其免遭或减轻病、虫、杂草等有害生物为害的植物源制剂。

### （二）来源

植物性农药通常不是单一的一种化合物，而是植物有机体的全部或一部分有机物质，成分复杂多变，但一般都包含在生物碱、糖苷、有毒蛋白质、挥发性香精油、单宁、树脂、有机酸、酯、酮、萜等各类物质中。富含这些高生理活性物质的植物均可被加工成农药制剂，其数量和物质类别丰富，是国内外备受人们重视的第三代农药的药源之一。

## 二、植物源农药特性

### （一）杀虫机理

植物源农药是新型绿色环保杀虫剂，具有很强的胃毒、触杀作用，其杀虫机理以拒食、麻痹、忌避、抑制呼吸作用、遏制其生长及干扰繁殖作用为主，农药性能稳定，杀虫广谱毒力强。

### （二）特点

植物源农药具有低毒低残留、对有害生物高效、与环境和谐和对非靶标生物相对安全等优点。

#### 1.抗药性强

由于植物性农药物质性质的特殊性，有害生物难以对其产生抗药性，施药后不易产生抗药性。

#### 2.无药害

植物源农药对受体植物相对于化学农药来说更不容易造成药害，而且也容易与环境中其他生物相协调。

#### 3.易分解

植物性农药是非人工化学结构的天然化学物质，一般在自然界有天然的微生物类群对其进行自然分解，因此，其在空气与土壤中易于分解，不会污染环境。

#### 4.与环境容好

植物性农药对施药环境及非靶标动物安全，在保护生态平衡方面大大优于化学农药，特别是在无公害农产品的生产和保证农业的可持续发展中扮演着重要角色。符合维持生态可持续发展要求，可广泛用于生产防治，解决长期滥用化学农药产生严重的"3R"问题，维持林分的生物多样性。

## 三、植物源农药种类

我国地大物博，植物资源十分丰富，可以作为农药的植物种类也很多，常见的有烟草、鱼藤、松脂合剂、除虫菊、茶子饼、闹羊花、野蒿、篦麻、桃叶、银杏、车前草、苦参、花椒、大葱、大蒜、辣椒等。常见并应用于生产的种类主要有烟碱·苦参碱、苦参碱、鱼藤酮、印楝素、藜芦碱、苦皮藤素和桉油精等。

### （一）烟碱·苦参碱

烟碱·苦参碱是以中草药为主要原料研制而成的植物源杀虫剂，由烟碱成分和苦参碱成分复配的农药杀虫剂产品。

烟碱是尼古丁（nicotine）的俗称，化学式 $C_{10}H_{14}N_2$，是一种存在于茄科植物（茄属）中的生物碱，也是烟草的重要成分，它属神经毒，致毒机制主要对中枢神经和胆碱能神经的 N–胆碱反应系统，有先暂短兴奋，后抑制麻痹的双相作用，入口摄入时会有灼烧感，对消化道还具有局部的刺激作用。

#### 1. 杀虫机理和防治对象

烟碱·苦参碱对害虫具有强烈的触杀、胃毒和一定的熏蒸作用。对鳞翅目（Lepidoptera）、鞘翅目（Coleoptera）、半翅目（Hemiptera）、直翅目（Orthoptera）等害虫有良好的防治效果，药后对作物安全，无药害产生。

#### 2. 常用的剂型和使用方法

0.6% 烟碱·苦参碱乳油、1.2% 烟碱·苦参碱乳油和 1.2% 烟碱·苦参碱可溶液是该农药常用的 3 种剂型，可用于喷雾、喷烟。

#### 3. 防治用药实例

采用 1000～2000 倍液的 1.2% 烟碱·苦参碱乳油喷雾防治刚竹毒蛾、黄纹竹斑蛾、竹小斑蛾、淡竹毒蛾、竹篦舟蛾、竹镂舟蛾幼虫；采用 800～1500 倍液的 1.2% 烟碱·苦参碱乳油喷雾防治黄（青）脊竹蝗跳蝻、异歧蔗蝗幼蝻、黑竹缘蝽（*Notobitus meleagris*）若虫；采用 700～1300 倍液的 1.2% 烟碱·苦参碱乳油喷雾防治黄（青）脊竹蝗成虫和异歧蔗蝗成虫。其最适用药量均为 750mL/hm²。

选用 1.2% 烟碱·苦参碱乳油喷烟防治刚竹毒蛾、淡竹毒蛾、黄纹竹斑蛾、竹小斑蛾、竹绒野螟、竹褐弄蝶、竹箧舟蛾、竹镂舟蛾幼虫和黑竹缘蝽若虫时，原药与 0 号柴油（或选用专用烟雾剂）最适容积配比为 1:12～1:7，药剂用量为 750mL/hm²；防治黄（青）脊竹蝗跳蝻（成虫）、异歧蔗蝗幼蝻（成虫）、黑竹缘蝽成虫时，原药与 0 号柴油（或选用专用烟雾剂）最适容积配比为 1:10～1:4，药剂用量 900mL/hm²。

## （二）苦参碱

苦参碱（分子式 $C_{15}H_{24}N_2O$）是由豆科植物苦参的干燥根、植株、果实经乙醇等有机溶剂提取制成的，是一种生物碱。苦参总碱是苦参所有生物碱的统称（苦参总碱检测方法为滴定法），主要成分有苦参碱、槐果碱、氧化槐果碱、槐定碱等多种生物碱，以苦参碱、氧化苦参碱含量最高，其来源为苦豆子果实、山豆根及山豆根地上部分，纯品外观为类白色至白色粉末。

苦参碱具有特定性、天然性的特点，只对特定的生物产生作用，在大自然中能迅速分解，最终产物为二氧化碳和水。苦参碱是对有害生物具有活性的植物内源化学物质，成分不是单一的，而是化学结构相近的多组和化学结构不相近的多组的结合，相辅相成共同发挥作用。因此，其不易导致有害物产生抗药性，用药后对作物安全，无药害产生，能长期使用。

### 1. 杀虫机理和防治对象

苦参碱对靶向昆虫具有触杀、胃毒和熏蒸作用，施药后对作物无药害，对环境无污染，害虫不易产生抗药性。害虫一旦接触药剂，立即麻痹神经中枢，继而使昆虫蛋白凝固，堵死昆虫气孔，使其窒息而死亡。苦参碱杀虫广谱，对鳞翅目、鞘翅目、半翅目、直翅目等害虫有良好的防治效果。

### 2.常用的剂型和使用方法

该农药常用的剂型有 0.5%～1.8% 苦参碱可溶液剂，1.1% 苦参碱粉剂。可用于喷雾、喷烟和喷粉。

### 3.防治用药实例

采用 800～1600 倍液的 1.3% 苦参碱可溶液喷雾防治刚竹毒蛾、黄纹竹斑蛾、竹小斑蛾、淡竹毒蛾、竹篦舟蛾、竹镂舟蛾幼虫；采用 800～1200 倍液的 1.3% 苦参碱可溶液防治黄（青）脊竹蝗跳蝻、异歧蔗蝗幼蝻、黑竹缘蝽若虫；采用 600～1000 倍液的 1.3% 苦参碱可溶液喷雾防治黄（青）脊竹蝗成虫和异歧蔗蝗成虫，其用药量均为 900mL/hm²。

选用 1.1% 苦参碱粉剂喷粉防治刚竹毒蛾、淡竹毒蛾、黄纹竹斑蛾、竹小斑蛾、竹篦舟蛾、竹镂舟蛾幼虫，其最适用药量为 22.5kg/hm²；防治黄（青）脊竹蝗跳蝻（成虫）、异歧蔗蝗幼蝻（成虫），其最适用药量为 30kg/hm²。

选用 1% 苦参碱可溶液喷烟防治刚竹毒蛾、淡竹毒蛾、黄纹竹斑蛾、竹小斑蛾、竹绒野螟、竹褐弄蝶、竹篦舟蛾、竹镂舟蛾幼虫和黑竹缘蝽若虫时，原药与 0 号柴油（或选用专用烟雾剂）最适容积配比为 1∶12～1∶7，药剂用量 750mL/hm²；防治黄（青）脊竹蝗跳蝻（成虫）、异歧蔗蝗幼蝻（成虫）、黑竹缘蝽成虫时，原药与 0 号柴油（或选用专用烟雾剂）最适容积配比为 1∶10～1∶4，药剂用量 900mL/hm²。

### （三）鱼藤酮

鱼藤酮是一种杀虫剂，分子式 $C_{23}H_{22}O_6$。存在于亚洲热带及亚热带地区所产豆科鱼藤属植物根中，在一些中草药如地瓜子、苦檀子、昆明鸡血藤根中也含有。其不溶于水，溶于乙醇、丙酮、四氯化碳、氯仿、乙醚及许多其他有机溶剂，其在有机溶剂中的溶液是无色的。当其暴露于空气中，则被氧化，变成黄色、橙色，然后变成深红色，并可沉淀出对昆虫有毒的脱氢鱼藤酮和鱼藤二酮结晶。施药后对作物无药害，对人畜低毒。

### 1. 杀虫机理和防治对象

鱼藤酮广泛地存在于植物的根皮部，在毒理学上是一种专属性很强的物质，对昆虫具有强烈的触杀和胃毒两种作用。其作用机制主要是影响昆虫的呼吸作用，主要是与 NADH 脱氢酶与辅酶 Q 之间的某一成分发生作用。鱼藤酮使害虫细胞的电子传递链受到抑制，从而降低生物体内的 ATP 水平最终使害虫得不到能量供应，然后行动迟滞、麻痹而缓慢死亡。

鱼藤酮杀虫广谱，对鳞翅目、鞘翅目、半翅目、直翅目等害虫有良好的防治效果。

### 2. 常用的剂型和使用方法

鱼藤酮常用的剂型是 4% 鱼藤酮乳油，适用于喷雾。

### 3. 防治用药实例

采用 800～1600 倍液的 4% 鱼藤酮乳油喷雾防治刚竹毒蛾、黄纹竹斑蛾、竹小斑蛾、淡竹毒蛾、竹篦舟蛾、竹镂舟蛾幼虫；采用 800～1200 倍液的 4% 鱼藤酮乳油喷雾防治黄（青）脊竹蝗跳蝻、异歧蔗蝗幼蝻、黑竹缘蝽若虫；采用 600～1000 倍液的 4% 鱼藤酮乳油喷雾防治黄（青）脊竹蝗成虫和异歧蔗蝗成虫，其用药量均为 $900mL/hm^2$。

## （四）印楝素

印楝是世界上公认的理想的杀虫植物，印楝素（azadirachtin）是一种柠檬苦素类活性物质，分子式 $C_{35}H_{44}O_{16}$，属于四环三萜类化合物，主要从印楝（*Azadirachta indica*）果实中分离提取。印楝素是天然的典型昆虫拒食剂，是世界公认的广谱、高效、低毒、易降解、无残留的杀虫剂且没有抗药性，而对人畜和周围环境无任何污染。其对大多数昆虫和其他节肢动物的生长发育具有良好抑制作用，对脊椎动物安全，被认为是最优秀的生物农药之一，也是目前商品化开发最成功的植物源杀虫剂。

### 1. 杀虫机理和防治对象

印楝素对害虫的作用方式有拒食、抑制生长发育、忌避、胃毒和绝育等作用，其中以拒食和抑制昆虫生长发育尤为显著。其杀虫机理：一是拒食作用。印楝素直接或间接地通过破坏昆虫口器上的化学感受器，刺激其特异性抑制型感觉细胞，或者阻断对取食刺激物（如蔗糖）起反应的感受器受体细胞的信号输入，从而抑制昆虫的取食行为；二是抑制生长发育。印楝素通过昆虫幼虫营养——胰岛素信号途径调控蜕皮激素，抑制幼虫生长发育；三是诱导细胞自噬和凋亡。印楝素致使细胞死亡的另一条途径是诱导细胞发生自噬，并通过抑制信号通路 PI3K–AKT–Tor 的磷酸化水平而诱导自噬产生，同时通过线粒体途径激活 Caspase–3 引发凋亡，且印楝素诱导的自噬信号先于凋亡发生，并通过激活 TATG5 分子开关促发自噬向凋亡转化。

印楝素的防治谱非常广，对鳞翅目、半翅目、鞘翅目、膜翅目（Hymenoptera）等 10 余目 400 多种农、林、储粮和卫生害虫有生物活性，尤其对半翅目、鳞翅目和鞘翅目等害虫有特效。

**2. 常用的剂型和使用方法**

印楝素常用的剂型 2 个原药、11 个乳油制剂产品（含 2 个混剂），如 10% 印楝素母药、0.3% 印楝素乳油和 0.6% 印楝素乳油。可用于喷雾。

**3. 使用注意事项**

（1）该农药不宜与碱性农药混用，与其他农药混用时需随配随用。

（2）施药时要求喷雾均匀周到，对移动性弱的害虫，要求叶片正反面都喷上药。

（3）该农药对害虫的速效性较差，一般药后 24h 方表现出杀虫作用，因此使用时不应因防治效果表现慢而随意加大用量。

**（五）藜芦碱**

藜芦碱（分子式 $C_{36}H_{51}NO_{11}$）主要化学成分是瑟瓦定和藜芦定，为扁平针状结晶。藜芦生物碱存在于百合科藜芦属和喷嚏草属植物中，作为杀虫剂的植物原料主要是喷嚏草的种子和白藜芦的根茎。将植物原料经乙醇萃取制得。藜芦碱是以中草药为原料经乙醇萃取而成的一种杀虫剂，对人、畜毒性低，残留低，不污染环境，药效可持续 10d 以上，对于蔬菜害虫防治高效。

### 1. 杀虫机理和防治对象

藜芦碱具有触杀和胃毒作用，主要杀虫作用机制是经虫体表皮或吸食进入消化系统后，造成局部刺激，引起反射性虫体兴奋，先抑制虫体感觉神经末梢，后抑制中枢神经而致害虫死亡。

藜芦碱可有效地防治刺吸式害虫和鳞翅目害虫。

### 2. 常用的剂型和使用方法

常用的剂型为 0.5% 藜芦碱醇溶液和 0.5% 藜芦碱可溶液。适用于喷雾。

### 3. 防治用药实例

采用 700～1100 倍液的 0.5% 藜芦碱可溶液喷雾防治刚竹毒蛾、淡竹毒蛾、黄纹竹斑蛾、竹小斑蛾幼虫；采用 500～900 倍液的 0.5% 藜芦碱可溶液喷雾防治竹篦舟蛾、竹镂舟蛾、黄（青）脊竹蝗跳蝻、异歧蔗蝗幼蝻、黑竹缘蝽若虫；采用 400～800 倍液的 0.5% 藜芦碱可溶液喷雾防治黄（青）脊竹蝗成虫和异歧蔗蝗成虫。其用药量均为 900mL/hm$^2$。

## （六）苦参·藜芦碱

苦参·藜芦碱是以中草药为主要原料研制而成的植物源杀虫剂，由苦参和藜芦碱成分复配的农药杀虫剂产品。

### 1. 杀虫机理和防治对象

苦参·藜芦碱对害虫具有强烈的触杀和胃毒作用。对鳞翅目、鞘翅目、半翅目、直翅目等害虫有良好的防治效果，药后对作物安全，无药害产生。

### 2. 常用的剂型和使用方法

常用的剂型为 1% 苦参·藜芦碱可溶液剂。适用于喷雾。

### 3. 防治用药实例

采用 800～1200 倍液浓度配比的 1% 苦参·藜芦碱可溶液喷雾防治刚竹

毒蛾、黄纹竹斑蛾、竹小斑蛾、淡竹毒蛾、竹篦舟蛾、竹镂舟蛾幼虫和黄（青）脊竹蝗跳蝻、异歧蔗蝗幼蝻、黑竹缘蝽若虫；采用 600～1000 倍液浓度配比的 1% 苦参·藜芦碱可溶液喷雾防治黄（青）脊竹蝗成虫和异歧蔗蝗成虫。其用药量均为 900mL/hm$^2$。

### （七）苦皮藤素

苦皮藤（*Celastrus angulatus*）卫矛科（Celastraceae）南蛇藤属（*Celastrus*）多年生藤本植物，广泛分布于我国黄河、长江流域的丘陵和山区。苦皮藤素的分子式 $C_{21}H_{22}NO_4$，是从该植物分离得到的活性成分。

苦皮藤的根皮和茎皮均含有多种强力杀虫成分，已从根皮或种子中分离鉴定出数十个新化合物，特别是从种油中获得 4 个结晶，即苦皮藤酯 I～Ⅳ、从根皮中获得 5 个纯天然产物，即苦皮藤素 I～Ⅴ。这些苦皮藤中的杀虫活性成分均简称为苦皮藤素。苦皮藤素的杀虫活性成分从苦皮藤中分离、鉴定出具有拒食活性的化合物（celangulin），其杀虫有效成分基本上是以二氢沉香呋喃为骨架的多元醇酯化合物。苦皮藤具有不产生抗药性、不杀伤天敌、理化性质稳定等特点。

#### 1. 杀虫机理和防治对象

苦皮藤素的杀虫活性成分具有麻醉、拒食和胃毒、触杀作用。其作用机理为以苦皮藤素 Ⅴ 为代表的毒杀成分主要作用于昆虫肠细胞的质膜及其内膜系统；以苦皮藤素 Ⅳ 为代表的麻醉成分可能是作用于昆虫的神经－肌肉接点，谷氨酸脱羧酶是其主要作用靶标。

苦皮藤素对鳞翅目、半翅目和膜翅目等害虫有生物活性。

#### 2. 常用的剂型和使用方法

常用的剂型为 0.2% 苦皮藤素乳油、1% 苦皮藤素乳油。苦皮藤素主要用于喷雾。

#### 3. 防治用药实例

采用 700～1100 倍液的 1% 苦皮藤素可溶液喷雾防治刚竹毒蛾、淡竹毒蛾、黄纹竹斑蛾、竹小斑蛾幼虫；采用 500～900 倍液的 1% 苦皮藤素可溶液喷雾防治竹篦舟蛾、竹镂舟蛾、黄（青）脊竹蝗跳蝻、异歧蔗蝗幼蝻、黑竹缘蝽若虫；采用 400～800 倍液的 1% 苦皮藤素可溶液喷雾防治黄（青）脊竹蝗成虫和异歧蔗蝗成虫。其用药量均为 900mL/hm$^2$。

### （八）桉油精

桉油精又称桉树脑、桉叶素桉树精，分子式为 $C_{10}H_{18}O$，属单萜类化合物。无色液体，味辛冷，有与樟脑相似的气味。是采用现代生物技术，从天然生长的桉树幼嫩的枝、叶中，通过提炼萃取，再加入高活性助剂而制成的新型广谱强力杀虫剂，是新型植物源杀虫剂。具有低毒、低残留、高效、持续期长、与环境相容性好等特点，是一种绿色环保植物源杀虫剂，药后不会产生药害，对周边环境安全，在环境中不会累积，对环境和天敌影响很小。

#### 1. 杀虫机理和防治对象

桉油精以触杀为主，主要作用于昆虫的神经系统，使其惊厥、产生痉挛性瘫痪，活动和取食行为迟缓直至死亡。对鳞翅目和半翅目害虫有生物活性。

#### 2. 常用的剂型和使用方法

桉油精常用的剂型为 5% 桉油精可溶液。桉油精主要用于喷雾。

#### 3. 防治用药实例

采用 500～900 倍液的 5% 桉油精可溶液喷雾防治刚竹毒蛾、淡竹毒蛾、黄纹竹斑蛾、竹小斑蛾幼虫；采用 400～800 倍液的 5% 桉油精可溶液喷雾防治竹篦舟蛾、竹镂舟蛾、黄（青）脊竹蝗跳蝻、异歧蔗蝗幼蝻、黑竹缘蝽若虫；采用 300～700 倍液的 5% 桉油精可溶液喷雾防治黄（青）脊竹蝗成虫和异歧蔗蝗成虫室内最适浓度配比是 300 ～ 700 倍液，其用药量均为 1200mL/hm$^2$。

# 四、植物性农药的应用

## （一）应用领域

植物性农药具有低毒低残留、对有害生物高效防治、与环境和谐和对非靶标生物相对安全等优点。近年来已在茶叶、果蔬、花卉的害虫防治上广泛应用，为我国农产品出口创造十分有利的条件，大大增强我国农产品出口的竞争力。

## （二）相关研究

植物性农药应用于林木害虫防治的研究已有尝试，近年来已有学者开展相关研究，采用植物源农药防治林木害虫。茅隆森（2018）研究了 1% 苦皮藤素可溶液等 5 种植物源杀虫剂对淡竹毒蛾幼虫的防治效果。许春枝（2019）研究了 1.1% 苦参碱粉剂等药剂对竹斑蛾幼虫的防治效果。陈明（2016）研究了 1% 苦参碱可溶性液对黄刺蛾（*Cnidocampa flavescens*）幼虫防治效果。杨希等（2018）研究了 4% 鱼藤酮乳油等 5 种植物源杀虫剂对杉木扁长蝽（*Sinorsillus piliferus*）的防治效果。乐兴钊（2017）研究了 0.5% 藜芦碱可溶性液等 6 种植物源杀虫剂喷烟防治黄纹竹斑蛾幼虫的防治效果。洪宜聪采用 1.2% 烟碱·苦参碱乳油、5% 桉油精可溶液和 1.1% 苦参碱粉剂等药剂防治黄刺蛾（*Cnidocampa flavescens*）等闽粤栲食叶害虫幼虫，防治效果均可达 90% 以上；采用苦参·烟碱烟剂防治刚竹毒蛾幼虫，防治效果达 90% 以上；采用 1.2% 烟碱·苦参碱乳油和 1% 苦参碱喷烟防治竹镂舟蛾幼虫，防治效果均为 90% 以上；采用烟碱·苦参碱烟雾剂和苦参碱烟雾剂喷烟防治刚竹毒蛾幼虫，防治效果达 95% 以上。

# 五、植物源农药的安全

## （一）注意事项

（1）植物源农药不可与碱性物质混用。

（2）用药时将原瓶药液摇匀。

（3）植物源农药对人眼有轻微刺激，施药时应做好个人防护。

（4）掌握好用药时间。施药时间为 10：00 以前，16：00 以后。

（5）植物源农药贮存。应贮存于干燥、阴凉、通风、防雨处，远离火源和热源。置于儿童触及不到之处并加锁。勿与食品、饮料、饲料等其他商品同贮同运。

## （二）中毒急救

（1）如植物源农药溅入眼中，应立即用清水冲洗至少 20min。

（2）如误服植物源农药应及时送医救治。

# 第四章
# 微生物源农药

## 一、微生物源农药概念

### （一）定义

微生物源农药是指以细菌、真菌、病毒等微生物及其代谢产物加工制成为有效成分，防治病、虫、草、鼠等有害生物的生物源农药。

### （二）分类

按来源微生物源农药包括农用抗生素和活体微生物农药两大类，农用抗生素是由抗生苗发酵产生的具有农药功能的次生代谢物质，它们都是有明确分子结构的化学物质，现已发展成为生物源农药的重要大类。农用抗生素用于防治真菌病害的有井冈霉素、灭瘟素、多抗霉素等；用于防治细菌病害的有链霉素、土霉素等。微生物源农药包括以菌治虫、以菌治菌、以菌除草等。

## 二、微生物源农药特性

### （一）杀虫机理

微生物源农药的作用机理因不同的生物农药种类而不同，主要是胃毒和触杀作用，几乎无内吸和熏蒸作用，有一些主要的生物源农药，杀虫机理和化学农药一样，是毒死害虫，以毒杀为主。有一些生物农药来自生物活体，比如病毒、细菌和真菌，作用机理是破坏昆虫器官组织，使昆虫致病而死。如 Bt 杀死害虫时主要是胃毒作用，它的作用机理是害虫取食后由于细菌毒素作用，很快停止进食，同时芽孢在虫体内萌发大量繁殖，导致害虫死亡。阿维菌素主要是胃毒和触杀作用，它可以通过昆虫的气孔进入体内，同时具有良好的皮层流的传导作用，并通过阻碍昆虫的神经系统影响害虫的生命，害虫食药后开始是麻痹症状，随后活动和取食行为迟缓直到所有行为停止而死亡。是通过刺激神经传递介质氨基酸的释放，干扰节肢动物正常的神经生理活动，而起到杀虫的作用。

### （二）特性

微生物农药具有选择性强，对人、畜、农作物和自然环境安全，不伤害天敌，不易产生抗性等特点。这些微生物农药包括细菌、真菌、病毒等，例如苏云金杆菌、白僵菌、核多角体病毒、C 型肉毒梭菌外毒素等。随着人们对环境保护的要求越来越高，微生物农药无疑是今后农药的发展方向之一。

## 三、微生物农药种类

常见工厂化生产的微生物农药种类有白僵菌、绿僵菌、苏云金杆菌（Bt）。

## （一）白僵菌

白僵菌（*Beauveria*）子囊菌门（Ascomycota）粪壳菌纲（Sordariomycetes）肉座菌目（Hypocreales）虫草菌科（Cordycipitaceae）白僵菌属（*Beauveria*）。白僵菌的分布范围很广，从海拔几米至2000多米的高山均发现过白僵菌的存在。常见白僵菌共有3种：球孢白僵菌（*Beauveria bassiana*）、小球孢白僵菌、布氏白僵菌（*Beauveria brongniartii*）。常通过无性繁殖生成分生孢子，菌丝有横隔有分枝，是常见的昆虫寄生菌，为真菌杀虫剂，寄主范围很广，主要侵染昆虫的幼虫，有的也见于成虫。孢子在虫体表萌发后穿过体壁进入虫体，致使虫体僵死，呈白色茸毛状至粉末状。分生孢子梗瓶状，可多次分叉，孢子球状或卵状，在密集的孢子梗上成团，形成密实的孢子头。

### 1. 白僵菌特性

白僵菌菌落为白色粉状物，产品为白色或灰白色粉状物。菌体遇到较高的温度自然死亡而失效。其杀虫有效物质是白僵菌的活孢子。孢子接触害虫后，在适宜的温度条件下萌发，生长菌丝侵入虫体内，产生大量菌丝和分泌物，使害虫生病，经4～5d后死亡。死亡的虫体白色僵硬，体表长满菌丝及白色粉状孢子。孢子可借风、昆虫等继续扩散，侵染其他害虫。白僵菌制剂对人畜无毒，对作物安全，无残留、无污染，但能感染家蚕幼虫，形成僵蚕病。

白僵菌需要有适宜的温湿度（24～28℃，相对湿度90%左右，土壤含水量5%以上）才能使害虫致病。害虫感染白僵菌死亡的速度缓慢，经4～6d后开始死亡。白僵菌与低剂量化学农药混用有明显的增效作用。

### 2. 白僵菌杀虫作用机理

白僵菌主要通过昆虫表皮接触感染，其次也可经消化道和呼吸道感染。侵染的途径因昆虫的种类、虫态、环境条件等的不同而异。白僵菌分生孢子（conidia）在寄主表皮或气孔、消化道上，遇适宜条件开始萌发，出生芽管。同时产生脂肪酶、蛋白酶、几丁质酶溶解昆虫的表皮，由芽管入侵虫体，在虫体内生长繁殖，消耗寄主体内养分，形成大量菌丝和孢子，布满虫体全身。同时产生各种毒素，如白僵菌素（beauvericin）、纤细素（tenellin）、卵孢霉素（oosporein）和草酸钙结晶等。这些物质可引起昆虫中毒，打乱其新陈代谢直致死亡。在适宜条件下，已被致死宿主体内的菌丝体产生分生孢子，虫体表层破碎，孢子随风释放感染其他虫体，形成循环侵染。

### 3. 防治对象

白僵菌可寄生 15 个目 149 个科的 700 余种昆虫，对人畜和环境比较安全、害虫一般不易产生抗药性。

### 4. 常用的剂型

利用其产生的分子孢子加工成微生物杀虫剂，白僵菌有可湿性粉剂、粉剂、油悬浮剂和颗粒剂等剂型。常见的有白僵菌粉炮、白僵菌纯属孢子粉。

### 5. 使用方法

可用于喷粉、喷雾，可与某些化学农药（杀虫剂、杀螨剂、杀菌剂）混合使用。

（1）在森林害虫防治生产上，主要采取地面或飞机喷洒白僵菌制剂的方式进行施药。也可在雨季从林间采集森林叶部害虫活幼虫集中撒上白僵菌原菌粉，或配成含量为 5 亿孢子 /mL 的菌液，采活虫在菌液中蘸一下再放回树上任其自由爬行。这些带菌虫死后，长出很多分生孢子，即形成许多白僵菌流行点，逐步促成林间害虫白僵病流行。

（2）菌粉用水溶液稀释配成菌液，每毫升菌液含孢子 1 亿以上。用菌液喷雾。

（3）菌粉与 2.5% 敌百虫粉均匀混合，每克混合粉含活孢子 1 亿以上，用于喷粉。

（4）将病死的昆虫尸体收集研磨，配成每毫升含活孢子 1 亿以上（每100 个虫尸加工后，兑水 80～100kg）即可喷雾。

### 6. 注意事项

（1）工厂化生产的白僵菌其菌种要及时复壮，一般为每年复壮一次。

（2）对家蚕有明显致死作用，不宜在养蚕区使用。

（3）菌液要随用随配，菌液配好后要于2h内用完，以免过早萌发而失去侵染能力，颗粒剂也应随用随拌。

（4）属于真菌物质，因此不能与化学杀菌剂混用。

（5）贮存在阴凉干燥处。

（6）人体接触过多，有时会产生过敏性反应，出现低烧、皮肤刺痒等，施用时注意皮肤的防护。

### （二）绿僵菌

绿僵菌的英文名为 metarhizium anisopliae，学名为 *Metarhizium*，中文通用名为金龟子绿僵菌（简称绿僵菌），其为真菌杀虫剂。绿僵菌属子囊菌门（Ascomycota）核菌纲（Pyrenomycetes）球壳菌目（Sphaeriales）麦角菌科（Ciavieps purpurea）绿僵菌属（*Metarhizium*）。

#### 1.绿僵菌特性

绿僵菌是一种广谱的昆虫病原菌，种类主要有金龟子绿僵菌、罗伯茨绿僵菌和蝗绿僵菌等。不同种类的杀虫范围不同，如金龟子绿僵菌为广谱性杀虫真菌，而蝗绿僵菌只能感染蝗虫等直翅目昆虫。在自然界，不同绿僵菌种类主要进行无性繁殖，其有性生殖阶段被鉴定为 Metacordycpes，属于广义虫草菌。本剂为活体真菌杀虫剂，真菌的形态接近于青霉。菌落绒毛状或棉絮状，最初白色，产生孢子时呈绿色。制剂为孢子浓缩经吸附剂吸收后制成。其外观颜色因吸附剂种类不同而异，含水率小于5%。其分生孢子萌发率90%以上。绿僵菌具有一定的专一性，对人畜无害，同时还具有不污染环境、无残留、害虫不会产生抗药性等优点。

#### 2.作用机理

绿僵菌是能够寄生于多种害虫的一类杀虫真菌，通过体表入侵作用进入害虫体内，在害虫体内不断增繁殖通过消耗营养、机械穿透、产生毒素，并不断在害虫种群中传播，使害虫致死。

### 3. 防治对象

绿僵菌是一种昆虫专性寄生菌，对鳞翅目、直翅目、鞘翅目、同翅目（Homoptera）等200多种害虫有寄生性，可用于防治农业、林业和卫生等多种害虫。

### 4. 常用的剂型

绿僵菌有可湿性粉剂、粉剂、油悬浮剂和颗粒剂等剂型。

### 5. 使用方法

可用于喷粉、喷雾，可与某些化学农药（杀虫剂、杀螨剂）同时使用。

## （三）苏云金杆菌

苏云金杆菌即苏云金芽孢杆菌（*Bacillus thuringiensis*，Bt），其在害虫防治中发挥了巨大的作用，是近年来研究最深入、开发最迅速、应用最广泛的微生物杀虫剂。

### 1. 药剂特性

苏云金杆菌是微生物源低毒杀虫剂，其主要是在虫体内其菌株可产生内毒素（伴胞晶体）和外毒素两类毒素，使害虫停止取食，害虫均因饥饿、细胞壁破裂、血液败坏和神经中毒而死。

苏云金杆菌作用缓慢，害虫取食后2d左右才能见效，持效期约1d。因此，使用时应比常规化学药剂提前2~3d，且在害虫低龄期使用效果较好。对鱼类、蜜蜂安全，但对家蚕高毒。具有对人畜无害，同时还具有不污染环境、无残留、害虫不会产生抗药性等优点。

### 2. 作用机理

苏云金杆菌杀虫作用以胃毒作用为主。该菌进入虫体内可产生两大类毒素，即内毒素（伴胞晶体）和外毒素，使害虫停止取食，最后害虫因饥饿和细胞壁破裂、血液败坏和神经中毒而死亡；而外毒素作用缓慢，在蜕皮和变态时作用明显，这两个时期是RNA合成的高峰期，外毒素能抑制依赖于DNA的RNA聚合酶。因此，苏云金杆菌经害虫食入后，寄生于寄主的中肠内，在肠内合适的碱性环境中生长繁殖，晶体毒素经过虫体肠道内蛋白酶水解，形成有毒效的较小亚单位，它们作用于虫体的中肠上皮细胞，引起肠道麻痹、穿孔、虫体瘫痪和停止进食。随后苏云金杆菌进入血腔繁殖，引起白血症，最后导致昆虫死亡。

### 3. 应用领域

苏云金杆菌适用对象非常广泛，可应用于十字花科蔬菜、茄果类蔬菜、瓜类蔬菜、烟草、水稻、玉米、高粱、大豆、花生、甘薯、棉花、茶树、苹果、梨、桃、枣、柑橘、香蕉、杧果和荔枝等多种农作物及森林和草原。苏云金杆菌杀虫谱较广泛，主要对鳞翅目害虫幼虫有较好的防治效果，如菜青虫、小菜蛾、甜菜夜蛾、斜纹夜蛾、甘蓝夜蛾、烟青虫、玉米螟、稻纵卷叶螟、二化螟、松毛虫、茶毛虫、茶尺蠖、玉米黏虫、豆荚螟、蓑蛾、银纹夜蛾、地老虎等多种害虫幼虫，部分亚种或菌株对根结线虫、蚊幼虫、韭蛆、甲虫等害虫也有一定防治作用。

### 4. 使用方法

（1）喷雾。防治松毛虫（*Dendrolimus* sp.）、毒蛾（*Lymantriidae* sp.）、灯蛾类（*Arctiidae* sp.）、大蓑蛾（*Clania variegata*）和刺蛾类（*Limacodidae* sp.）等，用菌粉 75~100g/hm² 兑水喷雾；防治竹镂舟蛾、竹篦舟蛾幼虫，用菌粉 150~ 200g/hm² 兑水喷雾。如在菌液中加入 0.1% 合成洗衣粉或茶籽饼粉效果更好。

（2）喷粉。防治松毛虫、刚竹毒蛾、竹小斑蛾、黄纹竹斑蛾和刺蛾类等，用菌粉 22.5kg/hm² 喷粉；防治竹镂舟蛾、竹篦舟蛾幼虫，用菌粉 30kg/hm² 喷粉。

（3）菌药混用。苏云金杆菌菌粉同敌百虫、杀虫双等化学药剂常用量减半混用有增效作用，可提高防治效果降低成本。

### 5. 注意事项

（1）苏云金杆菌在气温较高时（20℃以上）才能充分发挥作用，所以在 6~9 月应用效果最好；施药最适时机要比使用化学农药提前 2~3d 为宜。

（2）对刚竹毒蛾、马尾松毛虫、竹镂舟蛾和茶毛虫等都有效，但对竹螟等效果较差。

（3）对蜜蜂低毒，但对家蚕和篦麻蚕有剧毒，应严格控制，不得在养蚕的地区使用。若桑叶沾上菌粉时，要用0.2%漂白粉杀菌，洗净、晾干后再喂用。

（4）苏云金杆菌为一种细菌，因此不可与杀菌剂混用。

（5）宜密封、遮光，在阴凉、干燥处保存，并且要防鼠咬。

# 四、微生物农药的使用

## （一）温度

微生物农药的使用要掌握适宜的温度。不同的微生物农药对施药环境的温度有不同的要求，施药时要针对农药对温度的要求，掌握适宜的时机用药。

## （二）湿度

微生物农药的使用必须把握好适宜的湿度。微生物农药对施药环境的湿度有不同的要求，施药时要根据农药要求的最适湿度，掌握适宜的时机用药。

## （三）光照

阳光中的紫外线会破坏微生物农药的有效成分，因此，在用药和贮藏时要避免强光照射。

## （四）施药时机

要掌握好微生物农药施药时机，药后应避免雨水冲刷。另外，病毒类微生物农药专一性强，一般只对一种害虫起作用，使用前要先调查虫害发生情况，根据虫害发生情况合理安排防治时期，适时适机用药。

# 第五章
# 生物化学农药

## 一、生物化学农药概念

### （一）定义

生物化学农药（biochemical pesticides）与传统有机合成化学农药不同，它是通过非毒性的机理，用天然产生的有一定化学结构的物质，通过调节或干扰植物（或害虫）的生长、繁殖和行为，达到施药目的。

### （二）来源

生物化学农药是天然存在的，如是采用人工合成，则合成物结构必须与天然物质完全相同（但允许所含异构体在比例上的差异），如激素或生长调节剂。

## 二、生物化学农药特性

### （一）杀虫机理

生物化学农药的作用机理从生物体中分离出具有一定化学结构的物质，

通过胃毒和触杀作用于昆虫，干扰和破坏靶向昆虫的神经或组织，使其出现麻痹、拒食和生长发育受阻等行为，进而控制靶向昆虫种群数量。

### （二）特性

生物化学农药同样具有选择性强，对人、畜、农作物和自然环境安全，不伤害天敌，不易产生抗性等特点。

## 三、生物化学农药种类

常用生物化学农药为阿维菌素、灭幼脲等。

### （一）阿维菌素

阿维菌素外观为淡黄色至白色结晶粉末，无味，是一类具有杀虫、杀螨和杀线虫活性的十六元大环内酯化合物，由链霉菌中灰色链霉菌（*Streptomyces avermitilis*）发酵产生。

#### 1.作用特点

螨类成虫、若虫和昆虫幼虫与阿维菌素接触后立即出现麻痹症状，不活动、不取食，2～4d后死亡。因不引起昆虫迅速脱水，所以阿维菌素致死作用较缓慢。阿维菌素对捕食性昆虫和寄生天敌虽有直接触杀作用，但因植物表面残留少，因此对益虫的损伤很小。阿维菌素在土内被土壤吸附不会移动，并且被微生物分解，因而在环境中无累积作用，可以作为综合防治的一个组成部分。

#### 2.作用机理

阿维菌素对螨类和昆虫具有胃毒和触杀作用，不能杀卵。作用机制与一般杀虫剂不同的是干扰神经生理活动，刺激释放 γ - 氨基丁酸，而氨基丁酸对节肢动物的神经传导有抑制作用。

### 3. 使用方法

阿维菌素主要用于喷雾，其配制容易，将制剂倒入水中稍加搅拌即可使用，对作物亦较安全。还可与其他生物药剂混合使用，在药效发挥前使昆虫拒食，从而提高植物的保存率。如采用本品与苏云金杆菌混合喷雾或喷粉，可在苏云金杆菌发挥作用前使昆虫拒食厌食，提高植物的保存率。

### （二）灭幼脲

灭幼脲原药为白色结晶，通用名称：灭幼脲（chlorbenzuron），又名灭幼脲三号、苏脲一号、一氯苯隆。

### 1. 灭幼脲作用特点

灭幼脲对鳞翅目幼虫表现为很好的杀虫活性，对益虫和蜜蜂等膜翅目昆虫和森林鸟类几乎无害，但对赤眼蜂有影响。该类药剂被大面积用于防治桃树潜叶蛾、青脊竹蝗、茶尺蠖、菜青虫、异歧蔗蝗及夜蛾类、毒蛾类等鳞翅目害虫。同时，农业上还发现用灭幼脲三号1000倍液浇灌葱、蒜类蔬菜根部，可有效地杀死地蛆；对防治厕所蝇蛆、死水湾的蚊子幼虫也有特效。

### 2. 作用机理

灭幼脲主要表现为胃毒作用。灭幼脲属苯甲酰脲类昆虫几丁质合成抑制剂，为昆虫激素类农药。通过抑制昆虫表皮几丁质合成酶和尿核苷辅酶的活性，来抑制昆虫几丁质合成从而导致昆虫不能正常蜕皮而死亡。影响卵的呼吸代谢及胚胎发育过程中的 DNA 和蛋白质代谢，使卵内幼虫缺乏几丁质而不能孵化或孵化后随即死亡；在幼虫期施用，使害虫新表皮形成受阻，延缓发育，或缺乏硬度，不能正常蜕皮而导致死亡或形成畸形蛹死亡。对变态昆虫，特别是鳞翅目幼虫表现为很好的杀虫活性。

### 3. 灭幼脲的常用制型

灭幼脲常用的制剂有 25% 灭幼脲悬浮剂、25% 阿维·灭幼脲悬浮剂、25% 甲维盐·灭幼脲悬浮剂。

#### 4. 灭幼脲使用方法

灭幼脲主要用于喷雾，还可与引诱剂混合用于诱杀。如：

（1）喷雾防治。采用 1200～1800 倍液浓度配比的 25% 灭幼脲三号喷雾防治刚竹毒蛾、淡竹毒蛾、黄纹竹斑蛾、竹小斑蛾幼虫；采用 1000～1600 倍液浓度配比的 25% 灭幼脲三号喷雾防治竹篦舟蛾、竹镂舟蛾、黄（青）脊竹蝗跳蛹、异歧蔗蝗幼蛹、黑竹缘蝽若虫；采用 25% 阿维·灭幼脲悬浮剂和 25% 甲维盐·灭幼脲悬浮剂 1500～2000 倍防治森林松毛虫、舞毒蛾、舟蛾、天幕毛虫、美国白蛾等食叶类害虫。用药量均为 $900\text{mL/hm}^2$。

（2）制作毒饵用于诱杀。用 25% 灭幼脲三号可代替化学药剂作为胃毒剂，与 70g/L 的碳酸铵、80g/L 碳酸氢铵和 90g/L 氯化铵水溶液的引诱剂混合，胃毒剂与引诱剂的容积比均为 1∶20，制备成毒饵，广泛用于大量诱杀黄脊竹蝗成虫，达到降低黄脊竹蝗成虫虫口数的目的。

#### 5. 使用灭幼脲注意事项

（1）在 2 龄前幼虫期用药其防治效果最好，虫龄越大，防治效果越差。

（2）药后 3～5d 药效才能发挥作用，药后 7d 出现死亡高峰。不能与速效性杀虫剂混配，否则药剂将失去应有的绿色、安全、环保作用和意义。

（3）灭幼脲悬浮剂有沉淀现象，使用时要先摇匀后加少量水稀释，再加水至合适的浓度，搅匀后喷用。在喷药时一定要均匀。

（4）灭幼脲类药剂不能与碱性物质混用，以免降低药效，和一般酸性或中性的药剂混用药效不会降低。

### （三）其他生物化学农药

#### 1. 性诱剂

性诱剂不能直接杀灭害虫，主要作用是诱杀（捕）和干扰害虫正常交配，以降低害虫种群密度，控制虫害过快繁殖。因此，不能完全依赖性引诱剂，可与其他农药防治方法相结合。使用时应注意以下事项：

（1）即开即用。性诱剂产品易挥发，需要存放在较低温度的冰箱中，应在使用时再打开包装并尽快使用。

（2）避免污染诱芯。由于信息素的高度敏感性，在安装不同种害虫的诱芯时应避免污染。

（3）合理安放诱捕器。诱捕器放的位置、高度以及气流都会影响诱捕效果。如松墨天牛性引诱剂，悬挂适宜的高度为1～1.5m，应用于大棚类作物可挂在棚架上。

（4）按规定时间及时更换诱芯。

（5）防止危害益虫。信息素要掌握使用时机，以防对有益昆虫的伤害。

### 2. 植物生长调节剂

植物生长调节剂，是人工合成的（或从微生物中提取的天然的），具有和天然植物激素相似生长发育调节作用的有机化合物。

植物激素是指植物体内天然存在的对植物生长、发育有显著作用的微量有机物质，也被称为植物天然激素或植物内源激素。它的存在可影响和有效调控植物的生长和发育，包括从细胞生长、分裂，到生根、发芽、开花、结实、成熟和脱落等一系列植物生命全过程。

植物生长调节剂是人们在了解天然植物激素的结构和作用机制后，通过人工合成与植物激素具有类似生理和生物学效应的物质，在农业生产上使用，以有效调节作物的生育过程，达到稳产增产、改善品质、增强作物抗逆性等目的。使用时应注意以下事项：

（1）选准品种适时使用。植物生长调节剂会因作物种类、生长发育时期、作用部位不同而产生不同的效应。使用时应按产品标签上的功能选准产品，并严格按标签标注的使用方法，在适宜的时期使用。

（2）准确掌握使用浓度。植物生物调节剂可不是"油多不坏菜"。要严格按标签说明浓度使用，否则会得到相反的效果。如生长素在低浓度时促进根系生长，较高浓度反而抑制生长。

（3）药液随用随配以免失效。

（4）使用应保持均匀。有些调节剂如赤霉素，在植物体内基本不移动，如同一个果实只处理一半，会致使处理部分增大，造成畸形果。在应用时注意喷布要均匀细致。

（5）不能以药代肥。即使是促进型的调节剂，也只能在肥水充足的条件下起作用。

# 第六章
# 施药技术

现代的施药技术主要分为喷雾、喷粉和喷烟。

## 一、喷雾施药技术

### （一）定义

喷雾施药技术也称风送施药技术，是利用从风机吹出来的高速气流将喷头喷出的雾滴进行二次雾化，形成细小、均匀的雾滴，雾滴在强大的气流带动下作用于靶标作物的一种精准施药技术。

### （二）特点

喷雾施药技术具有有效提高农药附着率、减少农药使用量和提高防治效果等特点。

#### 1. 提高附着率

喷雾施药技术能有效提高农药附着率，减少农药使用量，提高防治效果。在气流的作用下，作物叶片发生翻动，雾滴的穿透能力得到加强，雾滴可以深入作物内部、外围、叶背和叶面等部位，对于稠密作物中、下部的病虫害有很好的防治效果。

### 2. 低量喷雾

喷雾施药技术有利于促进低量喷雾技术的推广应用。以气流作为载体将雾滴吹向靶标作物，减少了细小雾滴的飘移，为实现低量喷雾提供了保障。

### 3. 作业要求低

喷雾施药技术对环境要求较低，时效性好。在一定的自然风速下能进行可靠的喷雾作业，可有效防止自然风的干扰，减少雾滴飘移对环境的污染。

### 4. 工效高

喷雾施药技术作业效率和自动化程度高。被国际公认为是一种仅次于航空喷雾的高效地面施药技术，同时又是一种自动化程度高、防治效果好和环境污染少的先进施药技术，在农林病虫害防治、温室病虫害防治、草原植保、卫生防疫等方面都有重要的应用前景。

## 二、喷粉施药技术

### （一）定义

喷粉施药技术（dusting）是利用机械所产生的风力把低浓度的农药粉剂吹散后，使粉粒飘扬在空中，再沉积到作物和防治对象上的施药方法。

### （二）特点

喷粉施药技术是选用特制的粉剂进行喷粉，使药剂在棚室内飘浮较长时间形成粉尘，并在作物上充分分散穿透产生良好均匀的沉积，从而达到防治病虫的目的。其具有使用方便、工效高、粉粒在作物上沉积分布比较均匀、不需要用水、在干旱和缺水地区更具有应用价值的特点。由于喷粉时飘翔的粉粒容易污染环境，喷粉技术的应用受到一定的限制。

# 三、烟雾施药技术

## （一）定义

烟雾施药技术是指把农药分散成烟雾状态的各种施药技术总称。烟雾施药技术非常适合在封闭空间使用，如温室大棚、粮库，也可以在相对封闭的森林里使用。

## （二）特点

喷烟施药技术具有防治功效高、操作简单和成本低的优点，该施药技术可解决丘陵山地树高林密、地形复杂和水源匮乏等条件给防治工作添加的困难，相比于喷粉、喷雾等措施可降低防治工作强度，省去较多的工作量，它不仅解决了昂贵的防治工资问题，降低了防治成本，还克服了药后降雨对药效影响的问题。因此，喷烟施药技术对地形复杂和水源匮乏林分，可取得良好的防治效果。同时喷烟技术对施药时的气象条件要求较独特，在户外运用烟雾施药技术应在气压呈逆增状态、风速为零级时应用。烟雾施药技术有很高的功效和防治效果，但为了防止环境污染，目前主要适用于温室大棚、大型封闭空间、果园、森林等场合。

## （三）原理

烟雾施药技术主要是利用辐射逆温，将药物长时间弥散空气中，从而起到杀虫作用，该逆温层常出现在日落或凌晨日出前。烟雾施药技术主要分为烟雾机喷烟和烟雾剂。

### 1.烟雾机喷烟

烟雾机是利用压缩空气（或高速气流），在常温下使药液雾化成小于 $20\,\mu m$ 的烟雾的机具。主要用于农业保护地大棚温室内蔬菜、花卉等的病虫害防治，进行封闭性喷洒。

### 2.烟雾剂

烟雾剂是药剂的一种加工剂型，也是一种施药方法。利用化学或机械能力将固体药剂分散成极细小的粉粒，使其较长久地悬浮在空气中，成为固体分散在气体中的气溶胶。或利用化学或机械能力将液体药剂或药剂的油溶液分散极细小的点滴，使其长久地悬浮在空气中，成为液体分散在气体中的气溶胶。它的剂型称烟剂或烟熏剂。

### （四）烟雾施药技术类型

根据作用方式，可分为以下类型：

（1）熏烟技术：是一种介于细喷雾法及喷粉法与熏蒸法之间的高效施药方法，通过利用烟剂（烟雾片、烟雾筒等）农药燃烧产生的烟来防治有害生物。

（2）热烟雾技术：是利用内燃机排气管排出的废气热能使农药形成烟雾微粒的施药方式。目前，热烟雾技术的配套机具突破了仅能使用油剂型农药的限制，可以适用于除粉剂外的大部分农药剂型。

（3）常温烟雾技术：是利用压缩空气的压力使药液在常温下形成烟雾状威力的农药使用方法。常温烟雾技术对农药剂型没有特殊要求，穿透性能较好。

（4）电热熏蒸技术：是利用电恒温加热原理，使农药升华、汽化成极其微小的粒子，均匀沉积在靶标的各个位置。

## 四、静电施药技术

### （一）定义

静电施药技术是利用高压静电在喷头与靶标间建立静电场，农药液体流经喷头雾化后，通过不同的方式（电晕充电、感应充电、接触充电）充上电荷，形成群体荷电雾滴，然后在静电场力和其他外力作用下，雾滴作定向运动而吸附在靶标的各个部位上的一种施药技术。静电施药技术是一种新型的喷雾技术。

## （二）特点

### 1. 均匀度高

静电施药技术具有包抄效应、尖端效应、穿透效应，对靶标植物覆盖均匀，沉积量高。在电场力的作用下，雾滴快速吸附到植物的正、反面，提高了农药在植物表面上的沉积量，改善了农药在植物上沉积的均匀性。

### 2. 利用率高

静电施药技术可提高农药的利用率，减少农药的使用量，降低防治成本。静电施药技术产生的雾滴符合生物最佳粒径理论，易于被靶标捕获，显著增加了雾滴与病虫害接触的机会，能够有效提高防治效果。

### 3. 飘移少

静电施药技术施药量少，且电场力的吸附作用减少了农药的飘移，使农药利用率提高，避免了农药流失，对水源和环境影响小，降低了农药对环境的污染。

### 4. 持效期长

静电喷雾持效期长，带电雾滴在作物上吸附能力强，而且全面均匀，农药在叶片上黏附牢靠，耐雨水冲刷且药效长久。

## （三）应用

静电施药技术已经广泛应用到大田、设施、果树作物的病虫害防治中，该技术沉积性能好、飘移损失小、雾群分布均匀，尤其是在植物叶片背面也能附着雾滴等优点，使得静电施药技术具有较好的应用前景。

# 五、航空施药技术

## （一）定义

航空施药技术是利用飞机或其他飞行器将农药液剂、粉剂和颗粒剂等从空中均匀撒施在目标区域内的施药方法。

（二）特点

航空施药技术具有作业效率高、作业效果好、应急能力强、适期作业并且不受作物长势及地面情况限制等特点，适用于大面积单一作物、果园、草原和森林的施药作业，尤其适用于作物生长后期、常规地面植保机械难以进田作业时的病虫害防治工作。航空药技术在林业上可解决丘陵山地树高林密、地形复杂和水源匮乏等条件给防治工作添加的困难，与喷雾等人工地面施药技术相比，可降低防治工作强度，节省大量的防治工作量，解决防治费用昂贵的问题，大幅降低防治成本，可适用于各种自然条件的防治工作。同时，航空施药是按预定轨迹施药，施药不会产生遗漏区域，可解决常规施药技术产生漏药区这一技术难题。

（三）种类

航空施药技术配套机具主要包括人驾驶定翼式施药飞机、植保动力伞施药机、固定三角翼施药机以及单旋翼和多旋翼无人植保机等（图6-1、图6-2）。

图6-1　多旋翼无人植保机　　　　　图6-2　无人植保机喷药防治

### （四）航空施药技术应用

航空施药技术已经广泛应用于大田、果树作物等农林领域的病虫害防治中。如无人机已应用于低空施药防治，它可按需对植物喷施农药，显著提高施药作业效率高，达到精准施药效果，具有省费节力、效率高、性能优越和应对突发灾害能力强等优点。

## 六、防飘喷雾施药技术

### （一）定义

防飘喷雾施药技术是采用新型雾化方式和改变喷雾流场的方法，利用防飘装置产生的特定轨迹的流场胁迫极易飘失的细小雾滴定向沉积，从而提高农药雾滴在作物上附着率的施药技术。

### （二）特点

防飘喷雾施药技术可有效减少细小雾滴飘失，提高农药的利用率，减少对施药周边环境的影响。

### （三）种类

防飘喷雾施药技术主要应用在大田作物的病虫害防治中，有两种防飘喷雾技术。

#### 1. 罩盖防飘喷雾技术

主要包括气力式罩盖喷雾，通过外加风机产生的气流改变雾滴的运动轨迹，如风帘、风幕和气囊等装置；机械式罩盖喷雾，通过外加罩盖装置，改变雾滴运动轨迹。

#### 2. 导流挡板防飘喷雾技术

在喷头的上风向处安装倾斜的挡板，改变雾滴流场，同时在作业时可以拨开冠层，使雾滴能更好地穿透，到达靶标的中、下部。

### （四）应用

我国是世界上最大的农药使用国。据统计，每年我国农药喷施面积达1.67亿 hm²，其中有 0.133 亿 hm² 被农药所污染，占全国耕地面积的 1/7 以上，喷雾机喷出的农药中只有 25%～50% 能在作物上沉积，另有不足 1% 沉积在靶标害虫上，能真正起作用的药剂不到 0.3%，有 20%～30% 以上的细小农药雾滴会随着气流飘移至非靶标区域，农药飘移至作业区域以外，不仅会浪费农药、降低对病虫害的防治效果，而且会污染环境、危害周围人群的身体健康。

农药雾滴飘移是造成药液流失、环境污染、病害防治效果低的重要原因。非目标的雾滴飘失导致了水土污染、人畜中毒和环境恶化等大量问题。

## 七、精准施药技术

### （一）定义

精准施药技术是在研究田间病虫草害相关因子差异性的基础上，获取农田小区病虫害存在的空间和时间差异性信息，将农药使用技术与地理信息系统、定位系统、传感器、计算机控制器、决策支持系统、变量喷头等装置进行有效结合，实现仅对病虫害草为害区域进行按需定位喷雾的施药方法，实现了定点与定量施药。

### （二）特点

精准施药技术实现了固定区域的定量施药作业，可以随各区域危害程度及其环境性状不同适当调整农药施用量，具有避免农药的浪费和环境的污染的优点。

### （三）精准施药技术的方式

精准施药技术主要是基于实时传感的精确农药使用技术，如自动对靶喷雾技术、基于地图的精确农药使用技术等两种方式。

## 八、常见现代施药技术

### （一）低容量喷雾技术

低容量喷雾技术是指单位面积上在施药量不变的情况下，将农药原液稍加水稀释后使用，用水量相当常规喷雾技术的 1/10～1/5。此技术应用十分简便，只需将常规喷雾机具的大孔径喷片换成孔径 0.3mm 的小孔径喷片便可。使用这一技术可大大提高作业效率，减少农药流失，节约大量用水，显著提高防治效果，有效克服了常规喷雾给温室造成的湿害。这一技术特别适宜温室和缺水的山区应用。

### （二）静电喷雾技术

在喷药机具上，安装高压静电发生装置，作业时通过高压静电发生装置，使雾滴带电喷施的药液在作物叶片表面沉积量大幅增加，农药的有效利用率达到 90%，从而避免了大量农药无效地进入农田土壤和大气环境。

### （三）"丸粒化"施药技术

该施药技术适用于水田。对于水田使用的水溶性强的农药，采用"丸粒化"施药技术效果良好。只需把加工好的药丸均匀地撒施于农田中便可，比常规施药法可提高工效十几倍，而且没有农药漂移现象，有效防止了作物茎叶遭受药害，而且不污染临近的作物。

### （四）循环喷雾技术

对常规喷雾机进行重新设计改造，在喷雾部件相对的一侧加装药物回流装置，把没有沉积在靶标植物上的药液收集后抽回到药箱内，使农药能循环利用，可大幅度提高农药的有效利用率，避免了农药的无效流失。

### （五）药辊涂抹技术

该技术主要适用于内吸性除草剂。药液通过药辊（一种利用能吸收药液的泡沫材料做成的摸药溢筒）表面渗出，药辊只需接触到杂草上部的叶片即可奏效。这种施药方法几乎可使药剂全部施在靶标植物表面上，不会发生药液抛洒和滴漏，农药利用率可达到100%。

### （六）电子计算机施药技术

在欧美等国家已将电子计算机控制系统用于果园喷雾机上，该系统通过超声波传感器确定果树形状，使农药喷雾特性始终依据果树形状的变化而自动调节。电子计算机控制系统用于施药，可大大提高作业效率和农药的有效利用率，这一新技术的出现代表了农药使用技术的发展方向。

## 九、施药技术与气象条件

### （一）定义

气象条件是指各种天气现象的水热条件。是指发生在天空中的风、云、雨、雪、霜、露、虹、晕、闪电和打雷等一切大气的物理现象。主要气象资料包括平均气压、年平均气温、极端最高气温、极端最低气温、平均相对湿度、年平均降水量、年平均蒸发量、平均风速、最多风向、沙尘暴日、最大冻土深度、最大积雪深度和年日照时数等。

## （二）特点

在自然界中，光照、气温、空气湿度、风向、风速和降水等气象条件与农药的施用是密切相关的。气象条件影响农药的药效和对植物的药害，也影响农药对周围环境的污染状况，在施药防治植物有害生物时，必须选择适宜的气象条件，合理利用气象条件，掌握科学的施药技术，以提高农药的防治效果，达到高效、省工省药的目的，减少施药对生态环境的污染，防止产生农药对植物药害。

## （三）影响喷雾的气象条件

### 1. 气温、相对湿度

气温、相对湿度能对喷雾作业中雾滴到达目标的数量造成影响。气温的影响主要表现：一是影响雾滴的运动，表现在对雾滴的蒸发情况，气温过高雾滴还未沉降植物或有害生物表面就已完全蒸发，达不到理想的防治效果。二是影响雾滴在植物表面的附着性。高温低湿的气象条件下，受饱和度的影响，植物的表面对雾滴的容纳性较差，雾滴无法停留在植物表面上。相对湿度的影响主要表现：湿度大的气象条件又使停留在植物表面上的雾滴数量下降，雾滴无法停留在植物表面上而滑落。喷雾时，在饱和度前，雾滴沉积在植物表面的数量与喷洒药剂的浓度成正比，在喷洒量超过饱和度时这二者间就没有相关性，因此，不是药剂喷洒量越多，雾滴沉积在植物表面的数量也越多。

在我国南方，喷雾作业时机应选择在阴天，如是晴天则应安排在 10：00 前或 16：00 后，气温应不高于 30℃，相对湿度在 40%～75%。

### 2. 风向和风速

风向和风速对喷雾作业影响最大，风力过大或风向不对时，雾滴在风力的作用下会完全偏离靶标，作业区域会产生漏喷或重叠现象，造成植物的药害或污染周边的生态环境，造成喷雾作业失败或防治效果不理想。喷雾作业时风速应低于 3m/s，顺风喷雾作业。

### 3. 降雨

降雨对喷雾作业影响很大，药后降雨将严重影响防治效果，触杀作用的农药要求喷雾施药作业后 8h 内不得降雨，否则将影响防治效果。胃毒作用的农药要求喷雾施药作业后 24h 内不得降雨，否则将影响防治效果。

### 4. 光照

光照对喷雾作业影响主要体现在对光不稳定的农药上，尤其是生物农药，阳光的紫外线对农药的主要成分影响很大，喷雾作业应避开光照较强的时段，喷雾作业时机应选择在 10：00 前或 16：00 后。

### （四）影响喷粉的气象条件

### 1. 相对湿度

相对湿度对喷粉作业影响主要表现为影响药剂在植物表面的附着性。湿度小的气象条件又使停留在植物表面上的药剂附着力下降。因此，喷粉作业时机应选择在 9：00 前露水未干时段，相对湿度在 65% 以上。

### 2. 风向和风速

风向和风速对喷粉作业影响最大，风力过大或风向不对时，药粉在风力的作用下会完全偏离靶标，作业区域会产生漏喷或重叠现象，造成植物的药害或污染周边的生态环境，造成喷粉作业失败或防治效果不理想。喷粉作业时风速应低于 3m/s，顺风喷施作业。

### 3. 降雨

降雨对喷粉作业影响很大，药后降雨将严重影响防治效果，触杀作用的农药要求喷粉施药作业后 12h 内不得降雨，否则将影响防治效果。胃毒作用的农药要求喷粉施药作业后 24h 内不得降雨，否则将影响防治效果。

### 4. 光照

光照对喷粉作业影响主要体现在对光不稳定的农药上，尤其是生物农药，阳光的紫外线对农药的主要成分影响很大，喷雾作业应避开光照较强的时段，喷粉作业时机应选择在 10：00 前或 16：00 后。

### （五）影响室外烟雾施药的气象条件

#### 1. 逆温层

室外烟雾施药技术的首要气象条件为大气应呈"逆温"状态。一般情况下，大气温度随着高度增加而下降，可是在某些天气条件下，地面上空的大气结构会出现气温随高度增加而升高的反常现象，气象学上称之为"逆温"，发生"逆温"现象的大气层称为"逆温层"。

逆温层是指大气对流层中气温随高度增加的现象的层带。对流层中气温一般随高度增加而降低，但由于气候和地形条件影响，有时会出现气温随高度增加而升高的现象。逆温层能阻碍空气作上升运动。

地面辐射冷却、空气平流冷却、空气下沉增温和空气湍流混合等，受高压脊（如副热带高压脊、大陆性反气旋南下）或热带气旋外围下沉气流区支配下都有机会出现逆温层。

出现逆温现象的一层气体称为逆温层。逆温的类型有辐射逆温、下沉逆温、湍流逆温、平流逆温和锋面逆温。

（1）辐射逆温：经常发生在晴朗无云的夜空，由于地面有效辐射很强，近地面层气温迅速下降，而高处大气层降温较少，从而出现上暖下冷的逆温现象。这种逆温黎明前最强，日出后自下而上消失。辐射逆温的厚度可达几十米至几百米，在极地可达数千米厚。辐射逆温厚度从数十米到数百米，在大陆上常年都可出现，以冬季最强。夏季夜短，逆温层较薄，消失也快。冬季夜长，逆温层较厚，消失较慢。在山谷与盆地区域，由于冷却的空气还会沿斜坡流入低谷和盆地，因而常使低谷和盆地的辐射逆温得到加强，往往持续数天而不会消失。

（2）平流逆温：暖空气水平移动到冷的地面或气层上，由于暖空气的下层受到冷地面或气层的影响而迅速降温，上层空气受冷地表面的影响小，降温较慢，从而形成逆温。这种因空气的平流而产生的逆温，称平流逆温。

多出现在秋冬季或春季，在一天中的任何时候都可能出现。冬季海洋上来的气团流到冷的下垫面上，或秋季空气由低纬度流到高纬度时，都有可能产生平流逆温。夜间地面辐射冷却作用，可使平流逆温加强，而白天地面辐射增温作用，则使平流逆温减弱，从而使平流逆温的强度具有日变化。平流逆温的强度，主要决定于暖空气与冷地面之间的温差。温差愈大，逆温愈强。

（3）地形逆温：它主要由地形造成，主要在盆地和谷地中。由于山坡散热快，冷空气循山坡下沉到谷底，谷底原来的较暖空气被冷空气抬挤上升，从而出现气温的倒置现象。

（4）下沉逆温：在高压控制区，高空存在着大规模的下沉气流，由于气流下沉的绝热增温作用，致使下沉运动的终止高度出现逆温。这种逆温多见于副热带反气旋区。它的特点是范围大，不接地而出现在某一高度上。这种逆温因为有时像盖子一样阻止了向上的湍流扩散，如果延续时间较长，对污染物的扩散会造成很不利的影响。

（5）湍流逆温：由于低层的湍流混合而形成的逆温，叫做湍流逆温。当气层的气温直减率小于干绝热直减率时，经湍流混合后，气层的温度分布逐渐接近干绝热直减率。因湍流上升的空气按干绝热直减率降低温度。空气上升到混合层顶部时，它的温度比周围的气温低，混合的结果，使上层气温降低；空气下沉时，情况相反，致使下层气温升高，这样就在湍流减弱层出现逆温。

2. 风向和风速

风向和风速对烟雾施药作业影响最大，风力过大或风向不对时，烟雾在风力的作用下会完全偏离靶标，作业区域会产生漏喷或重叠现象，造成植物的药害或污染周边的生态环境，造成烟雾施药作业失败或防治效果不理想。烟雾施药作业时风速应静风或风速应低于0.3m/s。

3. 降雨

降雨会对烟雾施药作业产生影响，药后降雨将影响防治效果，根据研究发现烟雾施药作业后 4h 降雨，不会影响防治效果（表 6-1）。因此，烟雾施药作业要求施药作业后 4h 内不得降雨，否则将影响防治效果。

表 6-1　药后降雨对 3 种药剂喷烟药效的影响

| 药剂 | 药后不同时段降雨的防治效果（%） | | | | | | | | | | | | |
|---|---|---|---|---|---|---|---|---|---|---|---|---|---|
| | 1.0h | 1.6h | 2.1h | 3.6h | 4.1h | 5.6h | 7.1h | 11.6h | 22.5h | 29.1h | 36.6h | 47.8h | 73.5h |
| 碧绿 1% 苦参碱 | 12.6 | 38.3 | 56.2 | 76.3 | 96.7 | 98.7 | 100 | 100 | 100 | 100 | 100 | 100 | 100 |
| CK1 | 100 | 100 | 100 | 100 | 100 | 100 | 100 | 100 | 100 | 100 | 100 | 100 | 100 |
| 1.2% 烟碱·苦参碱参碱可溶液 | 15.2 | 39.8 | 58.1 | 78.8 | 98.1 | 100 | 100 | 100 | 100 | 100 | 100 | 100 | 100 |
| CK2 | 100 | 100 | 100 | 100 | 100 | 100 | 100 | 100 | 100 | 100 | 100 | 100 | 100 |
| 5% 桉油精 | 2.1 | 11.3 | 35.6 | 69.2 | 92.6 | 98.2 | 95.2 | 93.1 | 96.7 | 97.2 | 95.5 | 96.2 | 95.6 |
| CK3 | 97.6 | 95.2 | 96.7 | 98.6 | 96.5 | 97.9 | 93.7 | 95.0 | 96.2 | 98.1 | 97.2 | 96.9 | 97.0 |

## （六）烟雾施药作业时机

烟雾施药防治作业时机以傍晚日落前开始或凌晨日出前为宜，气温超过 32℃时不宜作业；也可以选择在凌晨日出前，为防止烟雾被吹散确保防治效果，风速超过 0.3m/s 时应避免作业。同时非逆温气象条件下，也不宜开展烟雾施药作业。

# 第七章
# 主要食叶害虫种类及防治

## 一、刚竹毒蛾

刚竹毒蛾（*Pantana phyllostachysae*）鳞翅目（Lepidoptera）毒蛾科（Lymantriidae）竹毒蛾属（*Pantana*）。分布于福建、浙江、江西、湖南、广西、贵州和四川等地。以幼虫取食为害毛竹、寿竹（*Phyllostachys bambusoides*）、慈竹、白夹竹、灰竹和方竹等竹类叶片，严重为害者竹林如同火烧（图7-1）。以卵在竹叶背面越冬，初孵幼虫群集竹叶背面取食，卵产于竹冠中下层的竹叶

图7-1　刚竹毒蛾为害的毛竹

背面或竹秆上。

### （一）形态特征

#### 1.刚竹毒蛾成虫

雌成虫体长13mm，翅展约36mm，体灰白色，复眼黑色，下唇区黄色

或黄白色，触角栉齿状，灰黑色。胫板和刚毛簇淡黄色。前翅淡黄色，前缘基半部边缘黑褐色，横脉纹为一黄褐色斑，翅后缘接近中央有一橙红色斑，缘毛浅黄色，后翅淡白色半透明。雄成虫与雌成虫相似，但体色较深，触角羽毛状，翅展约 32mm，前翅浅黄色，前缘基部边缘黄褐色，内缘近中央有一橙黄色斑，后翅淡黄色，后缘色较深，前后翅反面淡黄色。足为浅黄色，后足胫节有 1 对距。

### 2. 刚竹毒蛾卵

刚竹毒蛾卵为鼓形，边缘略隆，中间略凹，白色具光泽，直径约 1mm，高约 0.9mm。

### 3. 刚竹毒蛾幼虫

初孵幼虫长 2～3mm，灰黑色，老熟幼虫体长 20～22mm，淡黄色。具长短不一的毛，呈丛状或刷状。前胸背面两侧各有 1 束向前伸的灰黑色丛状长毛，Ⅰ～Ⅳ节腹部背面中央有 4 簇橘黄色刷状毛，第Ⅷ腹节背面中央有 1 簇橘黄色刷状毛，腹部末节背面有 1 束向后伸的灰黑色丛状长毛（图 7-2）。

图 7-2　刚竹毒蛾幼虫

## （二）生物学特性

刚竹毒蛾 1 年发生 3 代，以卵或 1～2 龄幼虫在竹叶背越冬。幼虫共有 7 龄，偶见 6 龄，少数 8 龄。1～3 龄幼虫食叶量极少，仅占总食叶量的 3.21%。最后 2 龄的食叶量占总食叶量的 80%。2～3 龄幼虫开始吐丝下垂随风飘荡，此时幼虫转移到其他竹株取食，4～7 龄幼虫善爬动，有假死现象，遇惊动虫立即卷曲，弹跳坠地，稍缓又沿竹秆爬上竹冠。其成虫具有趋光性。

各代幼虫平均历期，第一代 35.4d，第二代 34.7d，越冬代以卵越冬的幼虫平均历期78.2d；以幼虫越冬的幼虫平均历期144.5d。越冬代78.2d。幼虫脱皮前有1~2d不食不动。老熟幼虫近结茧前，行动缓慢，反应迟钝，吐丝结茧，经27~95h，平均42.6h的预蛹期后化蛹。刚竹毒蛾绝大多数结茧于竹叶背面，少数在竹叶和竹秆上。

刚竹毒蛾常先发生于阴坡、下坡及山洼处的竹林，大暴发后蔓延扩散至阳坡和山脊乃至整片竹林。刚竹毒蛾可在海拔200~800m的毛竹林为害，每3~5年暴发成灾1次。

### （三）天敌种类

捕食天敌有蚂蚁、益蝽（*Picromerus lewisi*）、细盗猎蝽（*Pirates lepturoides*）、黑哎猎蝽（*Ectomocoris atrox*）、中华大刀螳（*Tenodera sinensis*）（图7-3）、广腹螳螂（*Hierodula patellifera*）及大山雀（*Parus major*）等鸟类（图7-4）。卵期寄生天敌有黑卵蜂（*Telenomus* sp.）和平腹小蜂（*Anastatus* sp.）。幼虫期及蛹期天敌有绒茧蜂、脊茧蜂、黑点瘤姬蜂，还有白僵菌、绿僵菌和核多角体病毒。

图7-3　中华大刀螳　　　　　　　　　　　图7-4　大山雀

### （四）防治措施

（1）保护竹林中的各种树种，维护竹林的生物多样性，利用竹林耐害力强，林间天敌种类丰富，自然寄生率高的特点，大力保护林中天敌充分发挥竹林生态系统的自控能力，把虫口密度控制在经济允许水平之下。用药前应进行天敌调查，若寄生率在30%以上，应避免使用农药，可采取局部施药方式，在发生源地施药。

（2）灯光诱杀，利用成虫的趋光性，在成虫羽化期设置黑光灯诱杀。

（3）药物防治。①喷洒白僵菌预防：在竹林中施放白僵菌，每年3月中下旬在竹林施放白僵菌粉，以增加刚竹毒蛾幼虫的感病率，从而降低竹林的虫口数量。②选用生物农药喷雾防治：于幼虫期，采用烟碱·苦参碱、苦参碱和鱼藤酮等植物源农药喷雾，防治效果达95%以上。③选用生物农药喷粉防治：于幼虫期，采用苦参碱粉剂或苏云金杆菌粉喷粉，防治效果可达95%以上。④选用生物农药喷烟防治：于幼虫期，采用烟碱·苦参碱和苦参碱等植物源农药喷烟，防治效果可达95%以上。

### （五）常见农药对刚竹毒蛾幼虫毒力指数

本书列出了常见几种无公害药剂对刚竹毒蛾幼虫室内毒力测定结果，见表7-1。

表7-1 常见药剂对刚竹毒蛾幼虫室内毒力测定结果

| 药剂 | LC-P 毒力回归式（$y=a+bx$） | LC$_{50}$（mg/L） | 95% 置信限（mg/L） | 相关系数 $r$ |
|---|---|---|---|---|
| 1.2% 烟碱·苦参碱乳油 | $y=3.3752x+0.5267$ | 0.701 | 0.652～0.795 | 0.951 |
| 1.5% 苦参碱可溶液 | $y=2.4978x+1.2863$ | 0.791 | 0.755～0.796 | 0.932 |
| 1.1% 苦参碱 | $y=1.6672x+1.3691$ | 0.918 | 0.901～1.076 | 0.929 |
| 1% 苦参碱 | $y=1.7367x+2.5621$ | 1.012 | 0.981～1.126 | 0.936 |
| 1% 苦参·藜芦碱可溶液 | $y=1.6261x+2.6569$ | 1.029 | 0.976～1.135 | 0.938 |
| 4% 鱼藤酮乳油 | $y=1.8283x+3.4567$ | 1.036 | 0.987～1.187 | 0.933 |
| 1% 苦皮藤素可溶液 | $y=2.0612x+2.0711$ | 1.329 | 1.317～1.407 | 0.947 |
| 森得保 | $y=1.0812x+3.1056$ | 1.331 | 1.213～1.428 | 0.927 |

（续）

| 药剂名称 | LC–P 毒力回归式<br>（$y=a+bx$） | LC$_{50}$<br>（mg/L） | 95% 置信限<br>（mg/L） | 相关系数<br>$r$ |
|---|---|---|---|---|
| 0.5% 藜芦碱可溶液 | $y=2.3612x+3.7382$ | 1.427 | 1.401～1.486 | 0.929 |
| 25% 灭幼脲三号 | $y=3.8583x+2.4567$ | 5.051 | 4.815～5.362 | 0.957 |
| 0.4% 蛇床子素乳油 | $y=5.1357x-1.4891$ | 6.072 | 5.992～6.137 | 0.931 |
| 5% 桉油可溶液 | $y=2.3247x+1.3172$ | 17.071 | 17.053～17.129 | 0.937 |

### （六）防治实例

【防治实例一】刚竹毒蛾幼虫期施放白僵菌粉提高竹林白僵菌的含量。每年 3 月中下旬施放白僵菌粉炮或喷洒白僵菌纯孢子粉。白僵菌粉炮用量 45～75 个 /hm$^2$，白僵菌纯孢子粉用量 22.5～30kg/hm$^2$，或喷洒绿僵菌菌粉用量 22.5～30kg/hm$^2$。可使竹林的虫口下降 60%～70%，同时幼虫将相互感染，虫口量太大的竹林可间隔 15d 再施放 1 次。

【防治实例二】在刚竹毒蛾幼虫 3 龄以下时，选用农药与纯净水的体积比为 1：1300 的 1.2% 烟碱·苦参碱乳油和 1.5% 苦参碱可溶液。或选用农药与纯净水的体积比为 1：1000 的 4% 鱼藤酮乳油和 1% 苦参·藜芦碱可溶液。或选用农药与纯净水的体积比为 1：800 的 0.5% 藜芦碱可溶液，用药量均为 900 mL/hm$^2$。或选用农药与纯净水的体积比为 1：900 的 25% 阿维·灭幼脲悬浮剂和 1% 苦皮藤素可溶液，用药量为 1200 mL/hm$^2$。采用人工地面或运用无人机低空喷雾（图 7–5），防治效果达 92% 以上。

【防治实例三】在刚竹毒蛾幼虫 3 龄以下时，选用 1.1% 苦参碱粉剂，或对除越冬代外的幼虫选用森得保粉剂，用药量均为 22.5 kg/hm$^2$，运用人工地面或无人机低空喷粉，其防治效果可达 92% 以上。

【防治实例四】在刚竹毒蛾幼虫 4 龄以下时，选用 1.2% 烟碱·苦参碱乳油和 1.3% 苦参碱可溶液，采用药剂与烟雾剂体积比为 1：9。或选用 1% 苦参碱可溶液，采用药剂与烟雾剂体积比为 1：8。农药用量均是 750 mL/hm$^2$。

于凌晨气温呈逆增时段，运用烟雾机喷烟（图7-6），防治效果可达95%以上。

图7-5　无人机喷雾防治

图7-6　喷烟防治

【防治实例五】在竹林边或竹林中选择视线较好的区域设置太阳能杀虫灯，于成虫期开灯诱杀成虫，可控制刚竹毒蛾的虫口数量，使附近的竹林达到有虫不成灾。

## 二、竹蝗

黄脊竹蝗（*Ceracris kiangsu*）、青脊竹蝗（*Ceracris nigricornis*）均为直翅目（Orthoptera）网翅蝗科（Arcypteridae）、竹蝗属（*Ceracris*）的昆虫，俗称竹蝗、蝗虫，是我国产竹区的主要害虫，主要为害毛竹、淡竹（*Phyllostachys glauca*）、刚竹、灰竹和方竹等，也为害水稻、玉米等。其以跳蝻或成虫取食寄主植物的叶片（图7-7），为害严重时可食尽植物叶片。竹蝗在竹林大发生时，可将竹叶吃尽，竹林如同火烧，新竹

图7-7　黄脊竹蝗为害

57

被害即枯死，老竹被害后2～3年内不发新笋，常使被害竹的竹秆内积水，纤维腐败，竹子无使用价值，竹林逐渐衰败。

### （一）形态特征

#### 1. 竹蝗成虫

竹蝗成虫的身体以绿、黄为主，额顶突出使额面成三角形，由额顶至前胸背板中央有1黄色纵纹，愈向后愈宽。触角丝状，复眼卵圆形，深黑色。后足腿节黄绿色，中部有排列整齐"人"字形的褐色沟纹；胫节蓝黑色，有刺两排（图7-8）。

图7-8　黄脊竹蝗成虫

#### 2. 竹蝗卵

长椭圆形，上端稍尖，中间稍弯曲。长径6～8mm，棕黄色，有巢状网纹。卵囊圆筒形，长18～30mm，土褐色。

#### 3. 竹蝗若虫

竹蝗的若虫叫跳蝻，体形似成虫但无翅，共5龄：1龄体长约10mm，浅黄色，头顶突出如三角形，触角尖端淡黄色，前胸背板后缘不向后突出；2龄体长11～15mm，黄色，前胸背板后缘如1龄若虫，前后翅芽向后突出较为明显；3龄跳蝻前胸背板后缘略向体后延伸。翅芽显而易见，前翅芽呈狭长片状；4～5龄跳蝻前胸背板后缘显著向后延伸，将后胸大部分盖住。3～5龄体长分别为16mm、22mm和26mm，体色均为黑黄色，接近羽化时成虫为翠绿色。

### （二）生物学特性

竹蝗1年发生1代，以卵在表土层越冬，越冬卵于5月初开始孵化为跳蝻，5月中下旬为孵化盛期，6月底孵化完毕，7月初跳蝻蜕皮为成虫，每年7～9

月为其成虫为害期，10月中下旬成虫开始交尾产卵，卵产于2～3cm的表土层。

### （三）天敌种类

竹蝗的天敌：卵期主要天敌为红头豆芫菁（*Epicauta ruficeps*）（图7-9）、黑卵蜂，若虫和成虫期主要天敌为鸟类（图7-10）、寄生蝇等。

图7-9　红头豆芫菁　　　　图7-10　赤胸啄木鸟（*Dryobates cathpharius*）

### （四）产卵地识别

竹蝗多产卵于危害程度轻微、杂草稀疏、土质松紧适度坐北向南的竹山山腰或山窝斜坡上。林间可根据如下特征确定集中产卵地及产卵范围：

（1）一般在竹梢叶片被害严重的山地有红头芫菁的地方就有卵存在。

（2）地面小竹、杂草被害严重的地方可能有卵块存在。

（3）产卵场所常常有竹蝗的头壳、前胸背板、翅膀和后足等尸体遗骸存在。

（4）卵块上端有一胶质硬化圆形而中凹的黑色卵盖。

### （五）防治措施

（1）人工挖卵。竹蝗产卵集中，可于11月在其产卵多的地点挖除卵块。

（2）在跳蝻期，于10：00前采用烟碱·苦参碱、苦参碱和鱼藤酮等植物源农药人工地面喷雾，防治效果达95%以上，注意喷药时需从四周往中间喷，以防跳蝻逃走。

（3）在跳蟥上竹或成虫期时，采用烟碱·苦参碱、苦参碱和鱼藤酮等植物源农药喷雾，或采用灭幼脲三号喷雾，或采用苦参碱粉剂或苏云金杆菌粉喷粉，或采用烟碱·苦参碱和苦参碱等植物源农药喷烟防治效果可达95%以上。

（4）跳蟥初期，释放白僵菌使其感染白僵菌而死亡。

（5）人工诱杀。利用黄脊竹蝗成虫具有"趋尿"的补充营养习性，在100kg尿中加入2～3kg烟碱·苦参碱和苦参碱等植物源农药拌匀，或用碳酸铵、碳酸氢铵和氯化铵水溶液可代替人尿作为引诱剂，其浓度配比为70g/L、80g/L和90g/L，在竹林中放置若干个扁平容器盛装毒饵诱杀成虫，可降低竹蝗成虫的数量，取很好的防治效果。

### （六）常见农药对黄脊竹蝗毒力指数

本书列出了常见几种无公害药剂对黄脊竹蝗跳蟥和成虫室内毒力测定结果见表7-2、表7-3。

表7-2　常见药剂对黄脊竹蝗跳蟥室内毒力测定结果

| 药剂 | LC-P 毒力回归式（$y=a+bx$） | LC$_{50}$（mg/L） | 95% 置信限（mg/L） | 相关系数 $r$ |
|---|---|---|---|---|
| 1.2% 烟碱·苦参碱乳油 | $y=2.5278x+1.1022$ | 0.975 | 0.851～1.112 | 0.952 |
| 1.5% 苦参碱可溶液 | $y=2.0211x+1.5207$ | 1.327 | 1.319～1.405 | 0.929 |
| 1% 苦参碱 | $y=2.9612x+0.7036$ | 1.429 | 1.411～1.521 | 0.931 |
| 1.1% 苦参碱 | $y=2.1051x+1.1276$ | 1.436 | 1.421～1.533 | 0.927 |
| 1% 苦皮藤素可溶液 | $y=1.6722x+1.4257$ | 1.521 | 1.473～1.657 | 0.933 |
| 1% 苦参·藜芦碱可溶液 | $y=1.5612x+1.7692$ | 1.527 | 1.489～1.672 | 0.957 |
| 4% 鱼藤酮乳油 | $y=1.7229x+1.5261$ | 1.537 | 1.508～1.681 | 0.935 |
| 森得保 | $y=2.3567x+1.0527$ | 1.659 | 1.623～1.671 | 0.922 |
| 0.5% 藜芦碱可溶液 | $y=1.2712x+2.1517$ | 1.839 | 1.812～1.901 | 0.932 |
| 0.4% 蛇床子素乳油 | $y=2.9024x+1.4519$ | 6.271 | 6.198～6.361 | 0.939 |
| 5% 桉油精可溶液 | $y=6.4251x-1.3586$ | 18.502 | 18.429～18.517 | 0.951 |
| 25% 灭幼脲三号 | $y=2.3716x+0.8962$ | 19.269 | 19.032～19.572 | 0.952 |

表 7-3　常见药剂对黄脊竹蝗成虫室内毒力测定结果

| 药剂 | LC-P 毒力回归式<br>（$y=a+bx$） | LC$_{50}$<br>（mg/L） | 95% 置信限<br>（mg/L） | 相关系数<br>$r$ |
|---|---|---|---|---|
| 1.2% 烟碱·苦参碱乳油 | $y=3.6127x+1.2173$ | 1.261 | 1.093～1.398 | 0.921 |
| 1.5% 苦参碱可溶液 | $y=3.0176x+1.2817$ | 1.552 | 1.537～1.601 | 0.935 |
| 1.1% 苦参碱 | $y=1.5096x+1.5857$ | 1.641 | 1.630～1.737 | 0.929 |
| 1% 苦参碱 | $y=1.5176x+1.6026$ | 1.652 | 1.636～1.731 | 0.927 |
| 森得保 | $y=3.8502x+0.9162$ | 1.716 | 1.683～1.762 | 0.932 |
| 1% 苦参·藜芦碱可溶液 | $y=1.7956x+1.4739$ | 1.767 | 1.692～1.872 | 0.957 |
| 4% 鱼藤酮乳油 | $y=2.0121x+1.0182$ | 1.725 | 1.689～1.767 | 0.949 |
| 1% 苦参·藜芦碱可溶液 | $y=1.9062x+1.1726$ | 1.731 | 1.672～1.812 | 0.951 |
| 1% 苦皮藤素可溶液 | $y=1.7326x+1.5627$ | 1.816 | 1.787～1.936 | 0.933 |
| 0.5% 藜芦碱可溶液 | $y=3.0376x+0.6287$ | 1.926 | 1.907～1.996 | 0.923 |
| 0.4% 蛇床子素乳油 | $y=2.5311x-1.0122$ | 6.341 | 6.293～6.456 | 0.941 |
| 5% 桉油精可溶液 | $y=3.9126x-1.5872$ | 19.827 | 18.812～19.316 | 0.927 |

### （七）防治实例

【防治实例一】在跳蝻未上竹时，选用农药与纯净水的体积比为 1∶1000 的 1.2% 烟碱·苦参碱乳油和 1.5% 苦参碱可溶液，用药量为 900mL/hm$^2$。或选用农药与纯净水的体积比为 1∶800 的 4% 鱼藤酮乳油和 1% 苦参·藜芦碱可溶液，用药量为 900mL/hm$^2$。或选用农药与纯净水的体积比为 1∶700 的 25% 阿维·灭幼脲悬浮剂和 1% 苦皮藤素可溶液，用药量为 1200mL/hm$^2$。采用人工地面从四周向内喷雾，防治效果达 90% 以上。

【防治实例二】在跳蝻未上竹时，选用 1.1% 苦参碱粉剂，或选用森得保粉剂，用药量均为 22.5kg/hm$^2$，运用人工地面喷粉，其防治效果可达 90% 以上。

【防治实例三】在跳蝻上竹后或成虫期间，选用农药与纯净水的体积比为 1∶900 的 1.2% 烟碱·苦参碱乳油和 1.5% 苦参碱可溶液，用药量为 1050 mL/hm$^2$。或选用农药与纯净水的体积比为 1∶700 的 4% 鱼藤酮乳油和 1% 苦参·藜芦碱可溶液，用药量为 1050 mL/hm$^2$。或选用农药与纯净水的体积比为1:600的25%阿维·灭幼脲悬浮剂和1%苦皮藤素可溶液，用药量为1350mL/hm²。从采用人工地面或无人机低空喷雾（图7-11），防治效果达90%以上。

【防治实例四】在跳蝻上竹后或成虫期间，选用1.1%苦参碱粉剂，或选用森得保粉剂，用药量均为30kg/hm²，运用人工地面或无人机低空喷粉，其防治效果可达90%以上。

【防治实例五】在跳蝻上竹后或成虫期间，选用1.2%烟碱·苦参碱乳油和1.5%苦参碱可溶液，采用药剂与烟雾剂体积比为1:7。或选用1%苦参碱可溶液，采用药剂与烟雾剂体积比为1:6。农药用量均是900mL/hm²。于凌晨气温呈逆增时段，运用烟雾机喷烟，防治效果可达90%以上。

【防治实例六】在竹蝗的成虫期，选用碳酸铵、碳酸氢铵和氯化铵水溶液代替人尿作为引诱剂，所采用浓度配比为70g/L、80g/L和90g/L，选用1%苦参·藜芦碱可溶液、1.2%烟碱·苦参碱乳油、0.5%藜芦碱可溶液、1.5%苦参碱可溶液和4%鱼藤酮乳油5种植物源农药代替化学药剂作为胃毒剂，胃毒剂与引诱剂的容积比：1.2%烟碱·苦参碱乳油和1.5%苦参碱可溶液均为1:30，1%苦参·藜芦碱可溶液和4%鱼藤酮乳油均为1:20，0.5%藜芦碱可溶液为1:15，制备成毒饵，在竹林均匀设置若干个点，每个点放置1~3个开口约15cm扁平的容器，用于盛装毒饵诱杀成虫（图7-12），每7d或大雨后更换1次毒饵，此措施在竹蝗的整个成虫期均可不间断地采用，可起到控制竹蝗成虫的虫口数量，使竹林达到有虫不成灾。

图7-11　无人机喷雾防治　　　　图7-12　诱杀黄脊竹蝗成虫

# 三、竹镂舟蛾

竹镂舟蛾（*Loudonta dispar*）鳞翅目（Lepidoptera）舟蛾科（Notodontidae）镂舟蛾属（*Loudonta*）。分布于安徽、江苏、浙江、福建、江西、湖南、四川、广西等省（自治区），为害毛竹、刚竹、淡竹等竹类。幼虫取食竹叶，严重时将竹叶食光，使竹类枯死（图7–13），影响出笋和竹材质量。

图 7–13 竹镂舟蛾为害状

## （一）形态特征

### 1. 竹镂舟蛾成虫

体长 12～23mm，翅展 35～54mm。雌成虫体翅黄白色，前翅近前缘与基角处深黄色，前翅翅尖突出，近菜刀形，翅中有黑点 1 个，底色与斑纹个体差异较大，后翅黄白色至近白色，缘毛黄白色。雄虫体黄褐色，前翅锈黄色，内、外线隐约可见，翅中有 1 黑点，后翅茶褐色。

### 2. 竹镂舟蛾卵

扁圆球形，长径 1.2～1.3mm，初产时淡红色，散产或成块。

### 3. 竹镂舟蛾幼虫

幼虫体长 52～70mm，为翠绿色（图7–14），背线灰黑色，气门线宽，上为黄色，下为粉白色。

### 4. 竹镂舟蛾蛹

蛹长 18～25mm，红褐色，臀棘 8 根。

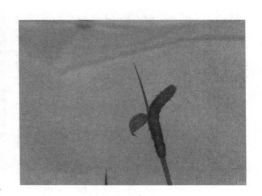

图 7–14 竹镂舟蛾幼虫

63

## （二）生物学特性

竹镂舟蛾 1 年发生 3～4 代。以老熟幼虫在地面浅土、落叶中作茧越冬或以 4 代幼虫于竹上越冬。翌年 3 月底至 4 月中旬化蛹。各代幼虫为害期分别为 5 月上旬至 6 月下旬、6 月下旬至 8 月中旬、8 月下旬至 10 月中旬、10 月上旬至翌年 1 月下旬。有严重的世代重叠现象。成虫在傍晚至清晨羽化，白天静伏，傍晚活动，具趋光性。卵产于竹叶上，成块状，每块十数粒至百数粒。雌虫平均产卵量为 136～340 粒。1 龄幼虫食卵壳，2 龄幼虫开始取食竹叶，幼虫一生可食数十片竹叶，末龄幼虫食量最大，竹镂舟蛾幼虫为害的竹林地面上会有许多碎竹叶。幼虫老熟后在表土层中作茧化蛹。

## （三）天敌种类

卵期寄生天敌主要有赤眼蜂（*Trichogrammatid*），幼虫期及蛹期寄生天敌有横带驼姬蜂（*Goryphus basilaris*）、黑侧沟姬蜂（*Casinaria nigripes*），蛹期寄生天敌主要有广大腿蜂、2 种寄蝇。捕食性天敌有二色赤猎蝽（*Haematoloecha nigrorufa*）（图 7-15）等猎蝽类和山麻雀（*Passer rutilans*）（图 7-16）等鸟类。

图 7-15　二色赤猎蝽

图 7-16　山麻雀

### （四）防治措施

（1）加强竹林抚育，合理砍伐，保持竹林适宜密度，可抑制虫害大暴发；注意竹林卫生，清除落地叶片及小枝，人工摘除虫茧，减少虫源。

（2）在成虫期，利用该虫趋光性强特点，在成虫发生期，装置黑光灯诱杀。

（3）幼虫期施药防治，由于竹镂舟蛾有严重世代重叠现象，因此药物防治至少需施药 2 次以上，2 次喷药的间隔时间为 10～15d。①在每年 3 月中下旬施放白僵菌粉炮或喷洒白僵菌纯孢子。使用白僵菌粉炮，用量 60～90 个/hm²，虫口可下降 60%～70%。且有反感染。虫口量太大时可多施放一次。喷洒白僵菌纯孢子用量 7.5～15kg/hm²。②采用烟碱·苦参碱、苦参碱和鱼藤酮等植物源农药喷雾，防治效果达 95% 以上。③采用苦参碱粉剂或苏云金杆菌粉喷粉，防治效果可达 95% 以上。④采用烟碱·苦参碱和苦参碱等植物源农药喷烟，防治效果可达 95% 以上。

### （五）常见农药对竹镂舟蛾幼虫毒力指数

本书列出了常见几种无公害药剂对竹镂舟蛾幼虫室内毒力测定结果，见表 7–4。

表 7–4　常见药剂对竹镂舟蛾幼虫室内毒力测定结果

| 药剂 | LC–P 毒力回归式（$y=a+bx$） | $LC_{50}$（mg/L） | 95% 置信限（mg/L） | 相关系数 $r$ |
|---|---|---|---|---|
| 1.2% 烟碱·苦参碱乳油 | $y=3.5362x+0.8719$ | 0.832 | 0.723～0.912 | 0.951 |
| 1.5% 苦参碱可溶液 | $y=1.6226x+2.6781$ | 1.078 | 1.062～1.102 | 0.947 |
| 1.1% 苦参碱 | $y=2.9216x+0.8761$ | 1.192 | 1.167～1.226 | 0.935 |
| 1% 苦参碱 | $y=2.0162x+1.0922$ | 1.205 | 1.187～1.227 | 0.942 |
| 4% 鱼藤酮乳油 | $y=1.1056x+2.2712$ | 1.311 | 1.286～1.521 | 0.936 |
| 森得保 | $y=2.5262x+1.7925$ | 1.431 | 1.419～1.493 | 0.933 |
| 1% 苦参·藜芦碱可溶液 | $y=1.9652x+2.7196$ | 1.502 | 1.379～1.671 | 0.957 |

（续）

| 药剂 | LC–P 毒力回归式<br>（ $y=a+bx$ ） | LC$_{50}$<br>（ mg/L ） | 95% 置信限<br>（ mg/L ） | 相关系数<br>$r$ |
|---|---|---|---|---|
| 0.5% 藜芦碱可溶液 | $y=2.1206x+0.6781$ | 1.621 | 1.582～1.702 | 0.941 |
| 1% 苦皮藤素可溶液 | $y=1.2712x+1.5517$ | 1.839 | 1.812～1.901 | 0.932 |
| 0.4% 蛇床子素乳油 | $y=1.8125x+2.4328$ | 6.212 | 6.193～6.301 | 0.926 |
| 25% 灭幼脲三号 | $y=2.1516x+1.5962$ | 6.269 | 6.032～6.572 | 0.952 |
| 5% 桉油精可溶液 | $y=6.4326x-3.5728$ | 17.125 | 17.112～17.212 | 0.948 |

### （六）防治实例

【防治实例一】在竹镂舟蛾的第一代幼虫初期施放白僵菌粉提高竹林白僵菌的含量。每年 4 月中旬施放白僵菌粉炮或喷洒白僵菌纯孢子粉。白僵菌粉炮用量 45～75 个 /hm$^2$，白僵菌纯孢子粉用量 22.5～30kg/hm$^2$，或喷洒绿僵菌菌粉。可使竹林的虫口下降 60%～70%，同时幼虫将相互感染，虫口量太大的竹林可间隔 15d 再施放 1 次。

【防治实例二】在竹镂舟蛾幼虫 3 龄以下时，选用农药与纯净水的体积比为 1∶1200 的 1.2% 烟碱·苦参碱乳油和 1.5% 苦参碱可溶液。或选用农药与纯净水的体积比为 1∶900 的 4% 鱼藤酮乳油和 1% 苦参·藜芦碱可溶液。或选用农药与纯净水的体积比为 1∶700 的 0.5% 藜芦碱可溶液。用药量均为 900 mL/hm$^2$。或选用农药与纯净水的体积比为 1∶800 的 25% 阿维·灭幼脲悬浮剂和 1% 苦皮藤素可溶液，用药量为 1200 mL/hm$^2$。采用人工地面或运用无人机低空喷雾（图 7-17），防治效果达 92% 以上。

【防治实例三】在竹镂舟蛾幼虫 3 龄以下时，选用 1.1% 苦参碱粉剂，或选用森得保粉剂，用药量均为 22.5 kg/hm$^2$，运用人工地面或无人机低空喷粉（图 7-18），其防治效果可达 90% 以上。

【防治实例四】在竹镂舟蛾幼虫 3 龄以下时，选用 1.2% 烟碱·苦参碱乳油和 1.3% 苦参碱可溶液，采用药剂与烟雾剂体积比为 1∶8。或选用 1% 苦参碱可溶液，采用药剂与烟雾剂体积比为 1∶7。农药用量均是

900mL/hm$^2$。于凌晨气温呈逆增时段，运用烟雾机喷烟，防治效果可达95% 以上。

【防治实例五】在竹林边或竹林中选择视线较好的区域设置太阳能杀虫灯，于成虫期开灯诱杀成虫，可减少成虫及下一代幼虫的虫口数量，使附近的竹林达到有虫不成灾。

图 7-17　无人机喷雾防治

图 7-18　喷粉防治

## 四、黄纹竹斑蛾

黄纹竹斑蛾（*Allobremeria Plurilineata*）为鳞翅目（Lepidoptera）斑蛾科（Zygaenidae）斑蛾属（*Zygaena*）一种昆虫，主要分布于福建、湖南、浙江等省份。初龄幼虫啃食叶肉，残留表皮。3 龄以后啃食叶片，影响竹林生长，甚至枯死，为害毛竹、水竹等。

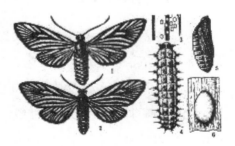

图 7-19　黄纹竹斑蛾（侯伯鑫绘）

1.2. 成虫；3. 卵；4. 幼虫；5.6. 蛹茧

### （一）形态特征

黄纹竹斑蛾的形态特征见黄纹竹斑蛾概述图（图 7-19）。

### 1. 黄纹竹斑蛾成虫

雌蛾体长8~9mm，翅展19~24mm；雄蛾体长7~9mm，翅展18~21mm。雄蛾触角林齿状，雌蛾触角丝状，黑褐色，上端1/3处有一节为白色。翅黄褐色，翅脉布满黑褐色鳞片，形成黑褐色环纹；翅缘毛黑褐色。腹部黄色，腹节被黑褐色鳞片。

### 2. 黄纹竹斑蛾卵

卵为乳白色椭圆形，长径0.6mm，短径0.4mm。

图7-20 黄纹竹斑蛾幼虫

### 3. 黄纹竹斑蛾幼虫

体长13~17mm，为淡黄色。1~2龄时乳白色，老熟时渐变橘红色。前胸宽大，头部缩入，3龄以后前胸背板变为黑色。虫体各节均有毛瘤3对，密被成束短毛，中央具1根白色原生刚毛（图7-20）。

### 4. 黄纹竹斑蛾蛹

蛹长9~10mm，为淡黄色。接近羽化时变为黑褐色。茧扁椭圆形，长约12mm，灰黄色初时被白色茸毛。

### （二）生物学特性

黄纹竹斑1年发生3~4代。发生3代的10月中旬，发生4代的12月中、下旬下竹结茧，以老熟幼虫或蛹在茧内越冬。越冬场所多选择在林内杂草灌木较少、石块较多以及枯枝落叶层较厚的地方。翌年3月中旬越冬幼虫开始化蛹，蛹期20d左右。4月中旬成虫羽化，每年4月16日前后为羽化盛期。产卵盛期为4月中旬，卵期8~10d，4月下旬第一代幼虫孵化，危害期为5~6月中旬，6月中旬至7月上旬为成虫羽化期。6月下旬出现第二代卵块，幼虫危害期为7~8月，成虫出现在8月下旬至9月上旬，8月底开始产第三代卵；卵期6~10d，幼虫危害期为9~10月上旬，10月中旬结茧越冬。其中，部分茧于10月下旬羽化产卵。11月上旬至12月上旬为第四代幼虫危害期；第四代幼虫至12月中、下旬结茧越冬。初羽化成虫爬至地面杂草叶尖、笋壳顶部等较高处竖起双翅，约经1h后才飞翔活动。成虫白天喜活动于小竹、杂草丛中及溪沟流水处，吮吸花蜜与清水。温度较高及风雨天，成虫多藏身于杂草丛中或竹叶背面。成虫寿命随气候变化而不同，第一、二代3～7d，第三代和越冬代5～10d。成虫交尾后1～2d开始产卵，产卵时间一般在13：00～16：00。卵多产于地势较平缓的阴凉山洼或山下部贴地面的小竹丛中或1～4盘枝的叶背面。卵系单层块状排列，无覆盖物。雌成虫一生可产90～203粒卵。幼虫孵化后群集不动，约1h后取食卵壳，之后又群集于叶背面尖端，头尾排列整齐，由上至下，取食叶下表皮，使被害处竹叶失绿变白。3龄以后可将叶片吃成缺刻，并吐丝下垂。4龄以后食量加大，并开始分散，逐步向竹上部危害。5～6龄能取食整个叶片为主要危害期。其幼虫昼夜取食，脱皮前1～2d群集不取食，体色开始变黄。幼虫群集性很强，尤其在4龄以前及脱皮前后，并具有食蜕特性。幼虫多发生在阴坡、半阴坡向及有流水的或较潮湿的平缓山窝，林木密度较大，地被物较少，石块及笋壳、小竹较多，枯枝落叶较厚的竹林容易成灾。幼虫老熟后下竹结茧，茧多结在竹盛周围的石块下面、笋壳内面及枯枝落叶层下。结茧后6～9d化蛹，化蛹后4～5d羽化为成虫。

### （三）天敌种类

卵期寄生天敌主要有斑蛾赤眼蜂（*Trichogramma artonae*），幼虫期及蛹期寄生天敌有黄带沟姬蜂、斑蛾沟姬蜂（图7-21）、黑侧沟姬蜂；蛹期寄生天敌主要有广大腿小蜂（图7-22）、2种寄蝇。捕食性天敌有猎蝽、胡蜂、鸟类等。

图 7-21　斑蛾沟姬蜂　　　　　　　　图 7-22　广大腿小蜂

## （四）防治措施

（1）营林防治措施。及时中耕松土，科学肥水，合理砍伐，保持竹林适当密度，提高植株抗性；结合竹林卫生，人工翻出虫茧，集中销毁，减少虫源。竹林中应适当多保留一些灌木和植被。每次采伐竹子的数量不要过大，以防黄纹竹斑蛾大发生。幼虫下树结茧期间结合垦复，以破坏黄纹竹斑蛾的化蛹场所。

（2）灯光诱杀，利用成虫的趋光性，在成虫羽化期设置黑光灯诱杀。

（3）幼虫期施药防治。①在竹林中施放白僵菌：每年3月中下旬在竹林施放白僵菌粉，以增加黄纹竹斑蛾幼虫的感病率，从而降低竹林的虫口数量。②选用生物农药喷雾防治：采用烟碱·苦参碱、苦参碱和鱼藤酮等植物源农药喷雾，防治效果达95%以上。③选用生物农药喷粉防治：采用苦参碱粉剂或苏云金杆菌粉喷粉，防治效果可达95%以上。④选用生物农药喷烟防治：采用烟碱·苦参碱和苦参碱等植物源农药喷烟，防治效果达95%以上。

## （五）常见农药对黄纹竹斑蛾幼虫毒力指数

本书列出了常见几种无公害药剂对黄纹竹斑蛾幼虫室内毒力测定结果，见表7-5。

表 7-5　常见农药对黄纹竹斑蛾幼虫室内毒力测定结果

| 药剂 | LC-P 毒力回归式<br>（ y=a+bx ） | LC$_{50}$<br>（ mg/L ） | 95% 置信限<br>（ mg/L ） | 相关系数<br>r |
|---|---|---|---|---|
| 1.2% 烟碱·苦参碱乳油 | y=2.3625x+1.5327 | 0.781 | 0.672～0.871 | 0.958 |
| 1.5% 苦参碱可溶液 | y=2.0627x+1.3521 | 0.867 | 0.849～0.906 | 0.938 |
| 1.1% 苦参碱 | y=1.9056x+1.6026 | 0.969 | 0.946～1.026 | 0.929 |
| 1% 苦皮藤素可溶液 | y=1.1572x+2.9826 | 1.025 | 1.017～1.102 | 0.952 |
| 4% 鱼藤酮乳油 | y=2.1501x+1.1671 | 1.027 | 1.012～1.075 | 0.933 |
| 1% 苦参碱 | y=3.2626x+1.0562 | 1.062 | 1.036～1.091 | 0.922 |
| 1% 苦参·藜芦碱可溶液 | y=1.9162x+2.6569 | 1.107 | 1.056～1.171 | 0.937 |
| 0.5% 藜芦碱可溶液 | y=1.6526+3.7276x | 1.365 | 1.349～1.511 | 0.941 |
| 森得保 | y=1.2731+3.2216x | 1.631 | 1.171～1.352 | 0.935 |
| 25% 灭幼脲三号 | y=2.0362+1.7516x | 4.926 | 4.852～5.171 | 0.955 |
| 0.4% 蛇床子素乳油 | y=1.6075+3.2282x | 6.057 | 6.032～6.072 | 0.939 |
| 5% 桉油精可溶液 | y=-1.3571+6.3667x | 17.087 | 17.071～17.111 | 0.932 |

## （六）防治实例

【防治实例一】黄纹竹斑蛾幼虫期施放白僵菌粉提高竹林白僵菌的含量。每年 3 月中下旬施放白僵菌粉炮或喷洒白僵菌纯孢子粉。白僵菌粉炮用量45～75 个 /hm$^2$，白僵菌纯孢子粉用量 22.5～30kg/hm$^2$，或喷洒绿僵菌菌粉。可使竹林的虫口下降 60%～70%，同时幼虫将相互感染，虫口量太大的竹林可间隔 15d 再施放 1 次。

【防治实例二】在黄纹竹斑蛾幼虫 3 龄以下时，选用农药与纯净水的体积比为 1∶1300 的 1.2% 烟碱·苦参碱乳油和 1.5% 苦参碱可溶液。或选用农药与纯净水的体积比为 1∶1000 的 4% 鱼藤酮乳油和 1% 苦参·藜芦碱可溶液。或选用农药与纯净水的体积比为 1∶800 的 0.5% 藜芦碱可溶液，用药量均为900 mL/hm$^2$。或选用农药与纯净水的体积比为 1∶900 的 25% 阿维·灭幼脲悬浮剂和 1% 苦皮藤素可溶液，用药量为 1200 mL/hm$^2$。采用人工地面或运用无人机低空喷雾,防治效果达 92% 以上。

【防治实例三】在黄纹竹斑蛾幼虫 3 龄以下时,选用 1.1% 苦参碱粉剂,或对除越冬代外的幼虫选用森得保粉剂,用药量均为 22.5kg/hm²,运用人工地面或无人机低空喷粉,其防治效果可达 92% 以上。

【防治实例四】在黄纹竹斑蛾幼虫 4 龄以下时,选用 1.2% 烟碱·苦参碱乳油和 1.3% 苦参碱可溶液,采用药剂与烟雾剂体积比为 1:9。或选用 1% 苦参碱可溶液,采用药剂与烟雾剂体积比为 1:8。农药用量均是 750mL/hm²。于凌晨气温呈逆增时段,运用烟雾机喷烟,防治效果可达 95% 以上。

【防治实例五】在竹林边或竹林中选择视线较好的区域设置太阳能杀虫灯,于成虫期开灯诱杀成虫,可控制黄纹竹斑蛾的虫口数量,使附近的竹林达到有虫不成灾。

# 五、竹篦舟蛾

竹篦舟蛾(*Besaia goddrica*)鳞翅目(Lepidoptera)舟蛾科(Notodontidae)篦舟蛾属(*Besaia*)。在我国主要分布于陕西、江苏、安徽、浙江、湖北、江西、湖南、福建、广东、四川等省份。其幼虫取食竹叶,将竹叶食成缺刻和孔洞,被害严重竹林下年度新竹将减少 20%~40%,新竹胸径下降 25%~45%,使竹林逐渐衰败。

## (一)形态特征

竹篦舟蛾形态特征见竹篦舟蛾概述图(图 7–23)。

### 1. 竹篦舟蛾成虫

成虫体长 19~25mm,翅展 43~58mm。雄成虫体较小,腹部尖瘦,体灰黄至灰褐色。雌成虫前翅黄白至灰黄色,缘毛色深,从顶角到外横线下方,有一灰褐色斜纹;从基角到外缘正中部分,有一纵褶,纵褶上方色深。

雄成虫前翅灰黄色，前缘黄白色，翅中纵褶纹暗灰褐色，下衬浅黄色边，端线脉间有 5～6 个黑点。

### 2. 竹篦舟蛾卵

卵呈圆形，长径 1.4mm，短径 1.2mm，乳白色，卵壳平滑，无斑纹。

### 3. 竹篦舟蛾幼虫

老熟幼虫体长 48～62mm，粉绿色。背线、亚背线、气门上线粉青色，较宽，各有一黄色的狭线边；气门上线黄色，大颚、触角及单眼区下方深棕色，与气门线相连接。气门黄白色，前胸气门附近棕红色（图 7-24）。

### 4. 竹篦舟蛾蛹

体长 20～26mm，红褐至黑褐色，臀棘 8 根，以 6 根、2 根分两行排列。

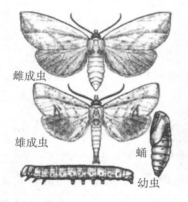

图 7-23　竹篦舟蛾（徐天森 绘）

图 7-24　竹篦舟蛾幼虫

### （二）生物学特性

竹篦舟蛾 1 年发生 4 代，以幼虫在竹林中缀叶为苞并在其中越冬，各代成虫羽化盛期依次为 5 月中旬、7 月上旬、8 月中旬、10 月上旬。各代幼虫为害期依次为 3 月上旬至 4 月中旬、5 月上旬至 6 月上旬、6 月下旬至 7 月中旬、8 月上旬至下年 4 月中旬。

成虫在气温 20～25℃时羽化，羽化时间大多在 19：00 至翌日 1：00。

初羽化成虫爬上竹枝、杂、灌木丛中静伏不动，遇惊动仅作短距离飞翔或爬行，夜晚活动飞翔力强行动敏捷，飞往未被为害茂密竹林中产卵。成虫有趋光性，以 20：00～21：00 最强。雌成虫交尾后不久即可产卵，卵散产或条产于竹叶背面，每片竹叶有 4～7 粒卵，最多为 8～10 粒卵，多产于竹的中下部叶片。

各代卵需经 6～10d 孵化。初孵幼虫将竹叶边缘吃成小缺刻，末龄幼虫取食量最大，1d 最多可取食 119.26cm² 竹叶，为 15～19 片毛竹叶片。各代幼虫平均可取食竹叶面积依次为 426.67m²、392.69m²、336.16m² 和 326.97m²。竹箎舟蛾幼虫 5～7 龄各代虫龄数不尽相同，各代幼虫期依次为 25～32d、26～37d、28～41d、169～186d。幼虫老熟后，坠落地面或沿竹秆下行落地，于地下 2～3cm 表土层作土茧化蛹，蛹期为 7～22d。

### （三）天敌种类

竹箎舟蛾天敌种类很多。捕食小幼虫的有蚂蚁、蜘蛛、草蛉的幼虫；捕食大幼虫的有大刀螂、广腹螳螂、黄足猎蝽（*Sirthenea flavipes*）及多种鸟类。寄生性天敌在卵期有舟蛾赤眼蜂（*Trichogramma closterae*）、杨扇舟蛾黑卵蜂（*Telenomus closterae*）、茶毒蛾黑卵蜂（*Telenomus euproctidis*）；幼虫期有内茧蜂、瘦姬蜂、伞裙追寄蝇；幼虫期寄生在蛹期出蜂的有舟蛾啮小蜂及细颚姬蜂。其中，杨扇舟蛾黑卵蜂与茶毒蛾黑卵蜂的寄生率常年在 15%～30%，该舟蛾大发生时寄生率高达 56% 以上，对限制竹箎舟蛾的大发生起重要作用。

### （四）防治措施

（1）营林防治措施。科学加强管理，合理砍伐，保持竹林适当密度，提高竹林的抗性，应砍除当年新发的鞭梢竹，避免小幼虫在上取食，减少竹林中虫口密度。

（2）灯光诱杀，利用成虫的趋光性，在成虫羽化期设置黑光灯诱杀。

（3）幼虫期施药防治。①在竹林中施放白僵菌：每年3月中下旬在竹林施放白僵菌粉，以增加竹篦舟蛾幼虫的感病率，从而降低竹林的虫口数量。②选用生物农药喷雾防治：采用烟碱·苦参碱、苦参碱和鱼藤酮等植物源农药喷雾，防治效果达95%以上。③选用生物农药喷粉防治：采用苦参碱粉剂或苏云金杆菌粉喷粉，防治效果可达95%以上。④选用生物农药喷烟防治：采用烟碱·苦参碱和苦参碱等植物源农药喷烟，防治效果达95%以上。

### （五）常见农药对竹篦舟蛾幼虫毒力指数

本书列出了常见几种无公害药剂对竹篦舟蛾幼虫室内毒力测定结果，见表7-6。

表7-6　常见农药对竹篦舟蛾幼虫室内毒力测定结果

| 药剂 | LC–P 毒力回归式（ $y=a+bx$ ） | LC$_{50}$（ mg/L ） | 95% 置信限（ mg/L ） | 相关系数 $r$ |
| --- | --- | --- | --- | --- |
| 1.2% 烟碱·苦参碱乳油 | $y=5.3501x+4.6862$ | 0.806 | 0.726～0.917 | 0.935 |
| 1.5% 苦参碱可溶液 | $y=4.7502x+4.3527$ | 0.849 | 0.837～0.962 | 0.942 |
| 1% 苦参碱 | $y=3.7251x+2.7213$ | 0.949 | 0.927～1.071 | 0.945 |
| 1.1% 苦参碱 | $y=2.7527x+3.1027$ | 1.216 | 1.201～1.271 | 0.935 |
| 1% 苦参·藜芦碱可溶液 | $y=2.6256+2.3127x$ | 1.247 | 1.212～1.301 | 0.953 |
| 4% 鱼藤酮乳油 | $y=2.9502x+2.6162$ | 1.262 | 1.167～1.341 | 0.932 |
| 森得保 | $y=3.0721x+0.9116$ | 1.325 | 1.317～1.402 | 0.937 |
| 1% 苦皮藤素可溶液 | $y=2.0612x+1.6716$ | 1.329 | 1.317～1.407 | 0.951 |
| 0.5% 藜芦碱可溶液 | $y=1.8762x+1.2952$ | 1.476 | 1.407～1.495 | 0.937 |
| 0.4% 蛇床子素乳油 | $y=1.9062x+1.5126$ | 6.211 | 6.165～6.349 | 0.943 |
| 25% 灭幼脲三号 | $y=2.1916x+1.9162$ | 6.562 | 6.327～6.791 | 0.952 |
| 5% 桉油精可溶液 | $y=2.5266x-1.5126$ | 17.146 | 17.035～17.255 | 0.931 |

### （六）防治实例

**【防治实例一】**竹篦舟蛾幼虫期施放白僵菌粉提高竹林白僵菌的含量。每年 3 月中下旬施放白僵菌粉炮或喷洒白僵菌纯孢子粉。白僵菌粉炮用量 45～75 个 /hm²，白僵菌纯孢子粉用量 22.5～30kg/hm²，或喷洒绿僵菌菌粉。可使竹林的虫口下降 60%～70%，同时幼虫将相互感染，虫口量太大的竹林可间隔 15d 再施放 1 次。

**【防治实例二】**在竹篦舟蛾幼虫 3 龄以下时，选用农药与纯净水的体积比为 1∶1200 的 1.2% 烟碱·苦参碱乳油和 1.5% 苦参碱可溶液。或选用农药与纯净水的体积比为 1∶900 的 4% 鱼藤酮乳油和 1% 苦参·藜芦碱可溶液。或选用农药与纯净水的体积比为 1∶700 的 0.5% 藜芦碱可溶液，用药量均为 900 mL/hm²。或选用农药与纯净水的体积比为 1∶800 的 25% 阿维·灭幼脲悬浮剂和 1% 苦皮藤素可溶液，用药量为 1200 mL/hm²。采用人工地面或运用无人机低空喷雾，防治效果达 92% 以上。

**【防治实例三】**在竹篦舟蛾幼虫 3 龄以下时，选用 1.1% 苦参碱粉剂，或选用森得保粉剂，用药量均为 22.5kg/hm²，运用人工地面或无人机低空喷粉，其防治效果可达 90% 以上。

**【防治实例四】**在竹篦舟蛾幼虫 3 龄以下时，选用 1.2% 烟碱·苦参碱乳油和 1.3% 苦参碱可溶液，采用药剂与烟雾剂体积比为 1∶8。或选用 1% 苦参碱可溶液，采用药剂与烟雾剂体积比为 1∶7。农药用量均是 900mL/hm²。于凌晨气温呈逆增时段，运用烟雾机喷烟，防治效果可达 95% 以上。

**【防治实例五】**在竹林边或竹林中选择视线较好的区域设置太阳能杀虫灯，于成虫期开灯诱杀成虫，可控制竹篦舟蛾的虫口数量，使附近的竹林达到有虫不成灾。

## 六、淡竹毒蛾

淡竹毒蛾（*Pantana simplex*）鳞翅目（Lepidoptera）毒蛾科（Lymantriidae）竹毒蛾属（*Pantana*）。主要分布于我国福建（南平、三明），江西（梅岭），四川（西昌、嘉定、峨边、乐山），陕西（凤县、长安），台湾等地。其幼虫取食为害毛竹、灰竹和寿竹等。以卵或 1～2 龄幼虫在叶背面越冬。在浙江，初孵幼虫群集竹叶背面取食；卵产于竹冠中下层的竹叶背面或竹秆上。

### （一）形态特征

#### 1.淡竹毒蛾成虫

雄成虫翅展 35～38mm，雌成虫翅展 42～43mm。触角干浅灰黄色，栉齿黑灰色，下唇须浅橙黄色，头部和胸浅暗棕色，腹部和足浅棕白色。前翅浅棕色，半透明，翅脉在外缘区浅棕色，中室后缘从基部至臀角色浅，浅棕色，翅外缘区色深，沿翅前缘从基部至中室末端有一浅棕色条纹（有的个体不明显），中室顶端有一浅棕白色新月形斑，中室顶端下角和中室后缘 M2 脉至 Cu2 脉间有 4 个白暗褐棕色斑，缘毛和前缘边浅黑褐色。后翅粉白色，半透明。雌蛾粉黄白色，中室末端下角有 4 个浅褐黑色斑。

#### 2.淡竹毒蛾卵

卵呈鼓形，高 0.8mm。黄白色上面稍平，中间有一浅褐色斑，卵上缘有浅褐色环纹。

#### 3.淡竹毒蛾幼虫

老熟幼虫体长 20～24mm，体被黄白色和黑色长毛，前胸背板两侧各有 1 束向前伸出的黑色羽状毛束，Ⅰ～Ⅳ腹节背面中央各有一红棕色刷状毛，Ⅷ腹节背面中央各有一棕红色毛刷，尾节有一向后上方伸出的黑色长毛束（图 7–25）。

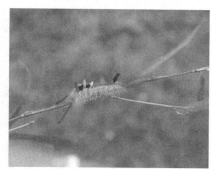

图 7–25　淡竹毒蛾幼虫

### 4.淡竹毒蛾蛹

体长 9～15mm，红褐至黑褐色。茧薄外被毒毛。

### （二）生物学特性

淡竹毒蛾 1 年发生 1 代，以卵和少数 1～2 龄幼虫在竹叶背面越冬，越冬卵于 4 月上旬开始孵化，成虫期为 7 月中旬至 8 月下旬。雌成虫将卵产于竹冠的中下部的叶片，多产于叶背呈单行排列，每行 21～30 粒。初孵幼虫取食卵壳，在叶背群聚取食为害，幼虫受惊后卷曲弹跳坠地，有吐丝下垂和假死习性。老熟幼虫食量大，幼虫善爬行，常在毛竹间转株为害。老熟幼虫多集中在竹株的中下部的枝叶或地面的枯枝落叶层结茧。成虫羽化盛期为 7 月下旬，具有趋光性。

### （三）天敌种类

图 7-26　广腹螳螂

淡竹毒蛾天敌种类很多。捕食小幼虫的有蚂蚁、蜘蛛、草蛉的幼虫；捕食大幼虫的有大刀螂、广腹螳螂（*Hierodula patellifera*）（图 7-26）、黄足猎蝽及多种鸟类。寄生性天敌有黑卵蜂、茧蜂、瘦姬蜂、寄生蝇和蛹草菌（*Codyceps* sp.），对抑制淡竹毒蛾的数量有一定的作用。

### （四）防治措施

（1）营林防治措施。科学加强管理，合理砍伐，保持竹林适当密度，提高竹林的抗性，清除虫茧，摘除卵块，可减少竹林中虫口密度。

（2）灯光诱杀，利用成虫的趋光性，在成虫羽化期设置黑光灯诱杀。

（3）幼虫期施药防治。①在竹林中施放白僵菌：每年 4 月中下旬在竹林施放白僵菌粉，以增加淡竹毒蛾幼虫的感病率，从而降低竹林的虫口数量。②选用生物农药喷雾防治：采用烟碱·苦参碱、苦参碱和鱼藤酮等植物源农药喷雾，防治效果达95%以上。③选用生物农药喷粉防治：采用苦参碱粉剂或苏云金杆菌粉喷粉，防治效果可达95%以上。④选用生物农药喷烟防治：采用烟碱·苦参碱和苦参碱等植物源农药喷烟，防治效果可达95%以上。

### （五）常见农药对淡竹毒蛾幼虫毒力指数

本书列出了常见几种无公害药剂对淡竹毒蛾幼虫室内毒力测定结果，见表7-7。

表7-7　常见农药对淡竹毒蛾幼虫室内毒力测定结果

| 药剂 | LC-P 毒力回归式（$y=a+bx$） | LC$_{50}$（mg/L） | 95% 置信限（mg/L） | 相关系数 $r$ |
|---|---|---|---|---|
| 1.2% 烟碱·苦参碱乳油 | $y=3.5752x+0.5029$ | 0.675 | 0.591～0.756 | 0.955 |
| 1.5% 苦参碱可溶液 | $y=2.5038x+1.2023$ | 0.782 | 0.756～0.795 | 0.941 |
| 1.1% 苦参碱 | $y=1.7067x+1.3725$ | 0.926 | 0.911～1.056 | 0.935 |
| 1% 苦参碱 | $y=1.8162x+2.6526$ | 1.083 | 0.991～1.127 | 0.927 |
| 4% 鱼藤酮乳油 | $y=1.6271x+3.3672$ | 1.152 | 1.021～1.292 | 0.936 |
| 1% 苦参·藜芦碱可溶液 | $y=1.7195x+2.6219$ | 1.182 | 1.067～1.307 | 0.957 |
| 1% 苦皮藤素可溶液 | $y=2.1216x+1.9538$ | 1.351 | 1.312～1.426 | 0.951 |
| 森得保 | $y=1.8031x+3.0156$ | 1.362 | 1.327～1.433 | 0.967 |
| 0.5% 藜芦碱可溶液 | $y=3.0162x+2.8052$ | 1.467 | 1.432～1.493 | 0.922 |
| 25% 灭幼脲三号 | $y=3.9058x2+.5026$ | 5.101 | 4.903～5.407 | 0.952 |
| 0.4% 蛇床子素乳油 | $y=5.3051x-1.5271$ | 6.089 | 5.972～6.207 | 0.927 |
| 5% 桉油精可溶液 | $y=2.6026x+1.5062$ | 17.096 | 17.061～17.217 | 0.935 |

### （六）防治实例

【防治实例一】淡竹毒蛾幼虫期施放白僵菌粉提高竹林白僵菌的含量。每年 4 月中下旬施放白僵菌粉炮或喷洒白僵菌纯孢子粉。白僵菌粉炮用量 45～75 个 /hm²，白僵菌纯孢子粉用量 22.5～30kg/hm²，或喷洒绿僵菌菌粉。可使竹林的虫口下降 60%～70%，同时幼虫将相互感染，虫口量太大的竹林可间隔 15d 再施放 1 次。

【防治实例二】在淡竹毒蛾幼虫 3 龄以下时，选用农药与纯净水的体积比为 1∶1300 的 1.2% 烟碱·苦参碱乳油和 1.5% 苦参碱可溶液。或选用农药与纯净水的体积比为 1∶1000 的 4% 鱼藤酮乳油和 1% 苦参·藜芦碱可溶液。或选用农药与纯净水的体积比为 1∶800 的 0.5% 藜芦碱可溶液，用药量均为 900 mL/hm²。或选用农药与纯净水的体积比为 1∶900 的 25% 阿维·灭幼脲悬浮剂和 1% 苦皮藤素可溶液，用药量为 1200 mL/hm²。采用人工地面或运用无人机低空喷雾，防治效果达 92% 以上。

【防治实例三】在淡竹毒蛾幼虫 3 龄以下时，选用 1.1% 苦参碱粉剂，或对除越冬代外的幼虫选用森得保粉剂，用药量均为 22.5kg/hm²，运用人工地面或无人机低空喷粉，其防治效果可达 92% 以上。

【防治实例四】在淡竹毒蛾幼虫 4 龄以下时，选用 1.2% 烟碱·苦参碱乳油和 1.3% 苦参碱可溶液，采用药剂与烟雾剂体积比为 1∶9。或选用 1% 苦参碱可溶液，采用药剂与烟雾剂体积比为 1∶8。农药用量均是 750mL/hm²。于凌晨气温呈逆增时段，运用烟雾机喷烟，防治效果可达 95% 以上。

【防治实例五】在竹林边或竹林中选择视线较好的区域设置太阳能杀虫灯，于成虫期开灯诱杀成虫，可控制淡竹毒蛾的虫口数量，使附近的竹林达到有虫不成灾。

# 七、竹小斑蛾

竹小斑蛾（*Artona funeralis*）鳞翅目（Lepidoptera）斑蛾科（Zygaenidae）斑蛾属（*Zygaena*），别名竹斑蛾。主要分布于北京、河北、河南、安徽、江苏、浙江、江西、台湾、广东、广西、湖南、湖北、四川、云南等地。主要为害毛竹、刚竹、淡竹、茶秆竹、灰竹等。以幼虫取食为害竹叶，低龄幼虫啃食竹叶叶肉，使竹叶呈白色膜状枯斑，常造成片笔林叶片白枯，3龄后食全叶，严重时可将竹叶食尽，影响竹类生长及出笋量，也破坏竹材质量，连续遭害的竹林，甚至导致成片枯死。

## （一）形态特征

（1）竹小斑蛾成虫：体呈黑色，有光泽。体长9～11mm，翅展20～23mm。雌蛾触角丝状，雄蛾触角羽状。翅黑褐色，后翅中部和基半部半透明（图7-27）。

（2）竹小斑蛾卵：乳白色椭圆形，有光泽，长约0.7mm。

（3）竹小斑蛾幼虫：老熟幼虫体长14～20mm，淡黄色，老熟时砖红色。各体节横列4个毛瘤，瘤上长有成束黑短毛和白色长毛（图7-28）。

图7-27　竹小斑蛾成虫

图7-28　竹小斑蛾幼虫

（4）竹小斑蛾蛹：长10～12mm，初期淡黄色，后转黄褐色至灰黑色，腹部各节前半段有黄色刺状突起。

（5）竹小斑蛾茧：长 12～15mm，瓜子形，黄褐色被白粉。

### （二）生物学特性

竹小斑蛾 1 年发生 3 代，部分地区（广东）1 年发生 4～5 代。以老熟幼虫在竹箨内壁、石块下和枯竹筒内结茧越冬。翌年 4 月底至 5 月上旬化蛹，5 月中、下旬羽化。成虫白天活动，多在竹林上空、林缘和道路边飞翔，并取食金樱子、野茉莉、细叶女贞等花蜜，补充营养，具有趋光性。每个雌虫产卵 200～450 粒，卵单层块产于 1m 以下的小竹嫩叶或大竹下部叶背面。各代幼虫危害期分别在 6 月上旬至 7 月中旬、8 月上旬至 9 月中旬、9 月底至 11 月初。幼龄幼虫群集危害，常在叶背头向一方整齐并排，啃食叶肉，形成不规则白膜或全叶呈白膜状。3 龄后分散食全叶，会吐丝下垂，日夜均取食，老熟后下竹结茧化蛹。5 月干旱会导致此虫大发生，在向阳、干燥、路边丛生竹上发生严重。

### （三）天敌种类

竹小斑蛾天敌种类很多，常见花胸姬蜂、二色瘦姬蜂和旗腹姬蜂等 3 种姬蜂，另有 2 种寄生蝇和瓢虫、蜘蛛、大刀螂、广腹螳螂、黄足猎蝽及多种鸟类。

### （四）防治措施

（1）营林防治措施。科学加强管理，合理砍伐，保持竹林适当密度，提高竹林的抗性，清除虫茧，摘除卵块，可减少竹林中虫口密度。

（2）灯光诱杀，利用成虫的趋光性，在成虫羽化期设置黑光灯诱杀。

（3）幼虫期施药防治。①在竹林中施放白僵菌：每年 4 月中下旬在竹林施放白僵菌粉，以增加竹小斑蛾幼虫的感病率，从而降低竹林的虫口数量。②选用生物农药喷雾防治：采用烟碱·苦参碱、苦参碱和鱼藤酮等植物源农药喷雾，防治效果达 95% 以上。③选用生物农药喷粉防治：采用苦参碱粉剂或苏云金杆菌粉喷粉，防治效果可达 95% 以上。④选用生物农药喷烟防治：采用烟碱·苦参碱和苦参碱等植物源农药喷烟，防治效果达95%以上。

### （五）常见农药对竹小斑蛾幼虫毒力指数

本书列出了常见几种无公害药剂对竹小斑蛾幼虫室内毒力测定结果，见表7-8。

表7-8　常见药剂对竹小斑蛾幼虫室内毒力测定结果

| 药剂 | LC–P 毒力回归式<br>（$y=a+bx$） | $LC_{50}$<br>（mg/L） | 95% 置信限<br>（mg/L） | 相关系数<br>$r$ |
|---|---|---|---|---|
| 1.2% 烟碱·苦参碱乳油 | $y=2.3971x+1.6356$ | 0.692 | 0.571～0.779 | 0.923 |
| 1.5% 苦参碱可溶液 | $y=2.6952x+1.2375$ | 0.762 | 0.753～0.775 | 0.942 |
| 1.1% 苦参碱 | $y=1.8257x+2.3492$ | 1.023 | 1.016～1.116 | 0.932 |
| 1% 苦参碱 | $y=2.1562x+0.6715$ | 1.113 | 1.081～1.177 | 0.946 |
| 1% 苦参·藜芦碱可溶液 | $y=1.6261x+2.6569$ | 1.127 | 1.096～1.155 | 0.937 |
| 4% 鱼藤酮乳油 | $y=1.2706x+0.8237$ | 1.211 | 1.151～1.332 | 0.931 |
| 1% 苦皮藤素可溶液 | $y=2.5812x+1.9256$ | 1.261 | 1.215～1.528 | 0.929 |
| 0.5% 藜芦碱可溶液 | $y=2.1651x+2.0315$ | 1.326 | 1.253～1.415 | 0.947 |
| 森得保 | $y=3.2762x+1.5592$ | 1.527 | 1.419～1.662 | 0.941 |
| 25% 灭幼脲三号 | $y=3.2147x+2.4567$ | 4.872 | 4.721～5.012 | 0.959 |
| 0.4% 蛇床子素乳油 | $y=5.3419x+1.3165$ | 5.838 | 5.812～5.915 | 0.937 |
| 5% 桉油精可溶液 | $y=5.3922x-1.2337$ | 17.062 | 17.053～17.081 | 0.921 |

### （六）防治实例

【防治实例一】竹小斑蛾幼虫期施放白僵菌粉提高竹林白僵菌的含量。每年4月中下旬施放白僵菌粉炮或喷洒白僵菌纯孢子粉。白僵菌粉炮用量45～75 个 /hm²，白僵菌纯孢子粉用量22.5～30kg/hm²，或喷洒绿僵菌菌粉。可使竹林的虫口下降60%～70%，同时幼虫将相互感染，虫口量太大的竹林可间隔15d再施放1次。

【防治实例二】在竹小斑蛾幼虫3龄以下时，选用农药与纯净水的体积比为 1:1300 的 1.2% 烟碱·苦参碱乳油和 1.5% 苦参碱可溶液。或选用农药与纯净水的体积比为 1:1000 的 4% 鱼藤酮乳油和 1% 苦参·藜芦碱可溶液。或选用农药与纯净水的体积比为 1:800 的 0.5% 藜芦碱可溶液，用药量均为 900 mL/hm²。或选用农药与纯净水的体积比为 1:900 的 25% 阿维·灭幼脲悬浮剂和 1% 苦皮藤素可溶液，用药量为 1200 mL/hm²。采用人工地面或运用无人机低空喷雾，防治效果达 92% 以上。

【防治实例三】在竹小斑蛾幼虫 3 龄以下时，选用 1.1% 苦参碱粉剂，或对除越冬代外的幼虫选用森得保粉剂，用药量均为 22.5kg/hm²，运用人工地面或无人机低空喷粉，其防治效果可达 92% 以上。

【防治实例四】在竹小斑蛾幼虫 4 龄以下时，选用 1.2% 烟碱·苦参碱乳油和 1.3% 苦参碱可溶液，采用药剂与烟雾剂体积比为 1:9。或选用 1% 苦参碱可溶液，采用药剂与烟雾剂体积比为 1:8。农药用量均是 750mL/hm²。于凌晨气温呈逆增时段，运用烟雾机喷烟，防治效果可达 95% 以上。

【防治实例五】在竹林边或竹林中选择视线较好的区域设置太阳能杀虫灯，于成虫期开灯诱杀成虫，可控制竹小斑蛾的虫口数量，使附近的竹林达到有虫不成灾。

# 八、华竹毒蛾

华竹毒蛾（*Pantana sinica*）鳞翅目（Lepidoptera）毒蛾科（Lymantriidae）竹毒蛾属（*Pantana*）。分布于长江流域以南各省份，在福建主要分布南平武夷山等地。为害毛竹、刚竹、淡竹、灰竹和方竹等竹类，是重要的食叶类害虫。其幼虫取食竹叶，大发生时将竹叶吃光，使大片毛竹林被毁；受害轻时，竹林出笋量大幅减少，直接影响竹林的发展。

## （一）形态特征

华竹毒蛾的形态特征见华竹毒蛾概述图（图 7-29）。

### 1. 华竹毒蛾成虫

华竹毒蛾体具三型（雄虫冬型、夏型、雌虫型）。

雌成虫体长 12～15mm，翅展 36～39mm，翅灰白色；触角短双栉齿状，主干黄色，栉齿黑色；复眼黑色；下唇须棕黄色；前翅黄白色。后翅乳白色、无斑。越冬代雄成虫体长 11～13mm，触角长双栉齿状，黑色；复眼黑色；下唇须锈黄

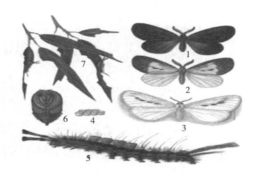

图7-29　华竹毒蛾（徐天森 绘）
1. 雄成虫冬型；2. 雄成虫夏型；3. 雌成虫；
4. 卵；5. 幼虫；6. 蛹；7. 被害状

色；前翅前缘及由中线到外缘部分全为黑色或灰黑色；在与雌成虫前翅同等位置处有 4 个深黑色斑，余为白色；后翅白色，翅基及顶角偶为暗灰色；足腿节、胫节上方为灰黑色，下方为白色。

### 2. 华竹毒蛾卵

略呈柱形，高 0.8mm，宽 0.9mm，灰白色。顶部较平，中央略凹陷，周围有一浅褐色的圆环，下部渐圆。

### 3. 华竹毒蛾幼虫

初孵幼虫体长 2.5mm，淡黄色，有黑色毛片；前胸侧毛瘤有黑色长毛两束。老熟幼虫体长 22～30mm，黄褐色；前胸两侧毛瘤突出较长，着生两束向前伸出的黑色长毛。气门白色；腹部 Ⅰ～Ⅳ 节，背面有 4 排棕色刷状毛。各节侧毛瘤及亚腹线毛瘤均着生短毛丛，尾节背面有一束向后竖起的黑色长毛，基部具红色短毛丛（图 7-30）。

图7-30　华竹毒蛾幼虫

### 4. 华竹毒蛾蛹

体橙黄色，雌体 16～19mm、雄体 11～14mm。

### （二）生物学特性

华竹毒蛾 1 年发生 3 代，以蛹在竹秆中下部越冬。各代成虫发生期分别为 4 月中下旬至 5 月下旬、6 月中旬到 8 月上旬、8 月中旬到 9 月下旬。幼虫为害期分别为 5 月上旬至 7 月中旬、7 月上旬至 9 月上旬、9 月上旬到 12 月上旬。成虫羽化需日平均温 15℃以上，下午或傍晚羽化多，当晚可交尾，翌日产卵。卵多产于竹秆中下部，呈单行或双行排列。卵孵化后，初孵幼虫爬行上竹取食，幼虫一生可取食 90～215$m^2$ 叶片，末龄幼虫食叶量占总食叶量 60%～70%，防治应控制在 3 龄幼虫前，夏日第 2 代幼虫有下地避暑、冬季第 3 代幼虫有下地避寒习性。茧结于竹秆中下部、地面竹筒、石头、枯枝落叶下。喜温暖湿润凉爽的条件，一般先发生在低洼向阳的山腰或山中下部，然后向四周扩散。在江西，老熟幼虫多在竹秆下部、竹枝和竹叶背面、竹节下群集结茧；卵多产在竹秆上。此虫多发生或先发生于山谷、山洼的竹林中。

### （三）天敌种类

华竹毒蛾天敌种类较多。幼虫期捕食天敌有中华大刀螳、广腹螳螂及鸟类。卵期寄生天敌有毒蛾黑卵蜂等。幼虫期和蛹期天敌有绒茧蜂、内茧蜂等，以及白僵菌、绿僵菌和核型多角体病毒。

### （四）防治措施

（1）保护竹林中的各种树种，维护竹林的生物多样性。结合抚育管理措施，清除林间地面枯枝落叶，破环其结茧环境；华竹毒蛾多集中在山洼中为害，卵集中产于竹秆下部，茧多结于竹秆下部及基部，采用人工刮卵灭茧，效果好且不杀伤天敌。

（2）灯光诱杀，利用成虫的趋光性，在成虫羽化期设置黑光灯诱杀。

（3）药物防治。①喷洒白僵菌预防：在竹林中施放白僵菌，每年3月中下旬在竹林施放白僵菌粉，以增加其幼虫的感病率，从而降低竹林的虫口数量。②选用生物农药喷雾防治：于幼虫期，采用烟碱·苦参碱、苦参碱和鱼藤酮等植物源农药喷雾，防治效果达93%以上。③选用生物农药喷粉防治：于幼虫期，采用苦参碱粉剂或苏云金杆菌粉喷粉，防治效果可达92%以上。④选用生物农药喷烟防治：于幼虫期，采用烟碱·苦参碱和苦参碱等植物源农药喷烟，防治效果达95%以上。

### （五）常见农药对华竹毒蛾幼虫毒力指数

本书列出了常见几种无公害药剂对华竹毒蛾幼虫室内毒力测定结果，见表7-9。

表7-9　常见药剂对华竹毒蛾幼虫室内毒力测定结果

| 药剂 | LC–P 毒力回归式（$y=a+bx$） | $LC_{50}$（mg/L） | 95% 置信限（mg/L） | 相关系数 $r$ |
|---|---|---|---|---|
| 1.2% 烟碱·苦参碱乳油 | $y=3.0137x+0.6127$ | 0.762 | 0.695～0.801 | 0.952 |
| 1.5% 苦参碱可溶液 | $y=2.3629x+1.2751$ | 0.822 | 0.786～0.895 | 0.947 |
| 1.1% 苦参碱 | $y=1.7031x+1.2762$ | 0.961 | 0.872～1.086 | 0.935 |
| 1% 苦参碱 | $y=1.8192x+2.2936$ | 1.062 | 0.976～1.103 | 0.929 |
| 1% 苦参·藜芦碱可溶液 | $y=1.6717x+2.5289$ | 1.092 | 1.031～1.175 | 0.931 |
| 4% 鱼藤酮乳油 | $y=1.7625x+3.2176$ | 1.109 | 1.067～1.225 | 0.940 |
| 1% 苦皮藤素可溶液 | $y=2.1526x+2.1691$ | 1.312 | 1.259～1.327 | 0.939 |
| 森得保 | $y=1.1793x+3.2175$ | 1.462 | 1.376～1.538 | 0.933 |
| 0.5% 藜芦碱可溶液 | $y=2.2751x+3.6295$ | 1.506 | 1.463～1.611 | 0.941 |
| 25% 灭幼脲三号 | $y=3.6726x+2.3785$ | 5.232 | 5.089～5.401 | 0.955 |
| 0.4% 蛇床子素乳油 | $y=4.7026x-1.3571$ | 6.262 | 6.127～6.417 | 0.947 |
| 5% 桉油精可溶液 | $y=2.2756x+1.3923$ | 17.259 | 17.086～17.375 | 0.936 |

### （六）防治实例

【防治实例一】华竹毒蛾幼虫期施放白僵菌粉提高竹林白僵菌的含量。每年 3 月中下旬施放白僵菌粉炮或喷洒白僵菌纯孢子粉。白僵菌粉炮用量 45～75 个 /hm²，白僵菌纯孢子粉用量 22.5～30kg/hm²，或喷洒绿僵菌菌粉用量 22.5～30kg/hm²。可使竹林的虫口下降 60%～70%，同时幼虫将相互感染，虫口量太大的竹林可间隔 15d 再施放 1 次。

【防治实例二】在华竹毒蛾幼虫 3 龄以下时，选用农药与纯净水的体积比为 1:1300 的 1.2% 烟碱·苦参碱乳油和 1.5% 苦参碱可溶液，或选用农药与纯净水的体积比为 1:1000 的 4% 鱼藤酮乳油和 1% 苦参·藜芦碱可溶液，或选用农药与纯净水的体积比为 1:800 的 0.5% 藜芦碱可溶液，用药量均为 900 mL/hm²。或选用农药与纯净水的体积比为 1:900 的 25% 阿维·灭幼脲悬浮剂和 1% 苦皮藤素可溶液，用药量为 1200 mL/hm²。采用人工地面或运用无人机低空喷雾，防治效果达 92% 以上。

【防治实例三】在华竹毒蛾幼虫 3 龄以下时，选用 1.1% 苦参碱粉剂，或对除越冬代外的幼虫选用森得保粉剂，用药量均为 22.5kg/hm²，运用人工地面或无人机低空喷粉，其防治效果可达 92% 以上。

【防治实例四】在华竹毒蛾幼虫 4 龄以下时，选用 1.2% 烟碱·苦参碱乳油和 1.3% 苦参碱可溶液，采用药剂与烟雾剂体积比为 1:9。或选用 1% 苦参碱可溶液，采用药剂与烟雾剂体积比为 1:8。农药用量均是 750mL/hm²。于凌晨气温呈逆增时段，运用烟雾机喷烟，防治效果可达 95% 以上。

【防治实例五】在竹林边或竹林中选择视线较好的区域设置太阳能杀虫灯，于成虫期开灯诱杀成虫，可控制华竹毒蛾的虫口数量，使附近的竹林达到有虫不成灾。

# 九、竹绒野螟

竹绒野螟（*Crocidophora evenoralis*）鳞翅目（Lepidoptera）螟蛾科（Pyralidae）绒野螟属（*Crocidophora*）。分布于我国的安徽、江苏、浙江、福建、台湾、江西、湖南、四川、广东等地，在福建主要分布于三明、南平、龙岩和宁德等地。其主要以幼虫取食为害毛竹、灰竹和慈竹等竹类。幼虫卷叶取食，严重为害影响下一年度出笋。

## （一）形态特征

竹绒野螟的形态特征见竹绒野螟概述图（图 7-31）。

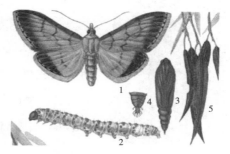

图 7-31　竹绒野螟（徐天森 绘）

1.成虫；2.幼虫；3.蛹；

4.蛹臀；5.虫苞

### 1.竹绒野螟成虫

成虫体长 9～14mm，翅展 26～30mm，体为金黄色，翅外缘有 1 条黑褐色宽边，外缘与缘毛间有 1 列黑点，前翅横线 3 条，后翅横线 1 条。

### 2.竹绒野螟卵

卵扁椭圆形，乳白色，长径 1.1～1.2mm。卵块呈鱼鳞状排列。

### 3.竹绒野螟幼虫

幼虫体长 20～28mm，淡黄色，前气门前有 1 块、中后胸两侧各有 3 块褐色斑。

### 4.竹绒野螟蛹

蛹体长 13～16mm，红棕色。

## （二）生物学特性

竹绒野螟 1 年发生 1 代，以 2～3 龄幼虫于当年小年竹竹叶上卷 1 片叶为苞在内越冬。2月下旬幼虫卷3片叶为苞取食。幼虫喜弃旧苞结新苞为害，幼虫老熟前其苞叶多达10片，竹上空苞率达90%。4月底幼虫老熟于中苞中化蛹，5月中旬成虫羽化，飞出竹林以栎（栗）花蜜为补充营养，一周后雌成虫飞向小年竹林产卵，卵产于叶背，每卵块有卵15~52粒，成虫有趋光性。卵经5~8d孵化，初孵幼虫分散爬行，每头幼虫选1片叶纵折成饺子形虫苞，幼虫于苞中越夏。秋天幼虫偶到叶尖取食上表皮，蜕皮1~2次后越冬。

图7-32  红嘴长尾蓝雀

### （三）天敌种类

竹绒野螟天敌种类多，有画眉、小噪鸟和红嘴长尾蓝雀（*Urocissa erythrorhyncha*）（图7-32）等取食幼虫及成虫；蜘蛛、蚂蚁、步甲捕食幼虫；绒茧蜂寄生幼虫。卵有赤眼蜂。蛹期有甲腹茧蜂。寄生菌主要为白僵菌，一般寄生率为25%~35%，最高可达65%。

### （四）防治措施

（1）营林防治措施。科学加强管理，合理砍伐，保持竹林适当密度，提高竹林的抗性，结合竹林抚育，清除林间、林缘小灌木，减少蜜源植物，人工摘除虫苞。

（2）灯光诱杀，利用成虫的趋光性，在成虫羽化期设置黑光灯诱杀。

（3）幼虫期施药防治。①在竹林中施放白僵菌：每年3月中下旬在竹林施放白僵菌粉，以增加竹篦舟蛾幼虫的感病率，从而降低竹林的虫口数量。②选用生物农药喷雾防治：在幼虫转苞为害期间，采用烟碱·苦参碱、苦参碱和鱼藤酮等植物源农药喷雾，防治效果达95%以上。③选用生物农药喷烟防治：采用烟碱·苦参碱和苦参碱等植物源农药喷烟，防治效果达95%以上。

### （五）常见农药对竹绒野螟幼虫毒力指数

本书列出了常见几种无公害药剂对竹绒野螟幼虫室内毒力测定结果，见表 7-10。

表 7-10 常见农药对竹绒野螟幼虫室内毒力测定结果

| 药剂 | LC–P 毒力回归式<br>（ $y=a+bx$ ） | LC$_{50}$<br>（ mg/L ） | 95% 置信限<br>（ mg/L ） | 相关系数<br>$r$ |
|---|---|---|---|---|
| 1.2% 烟碱·苦参碱乳油 | $y=4.3871x+4.6182$ | 0.791 | 0.76～0.891 | 0.941 |
| 1.5% 苦参碱可溶液 | $y=3.5016x+5.2162$ | 0.846 | 0.825～0.967 | 0.939 |
| 1.1% 苦参碱 | $y=2.7311x+1.7597$ | 1.207 | 1.185～1.262 | 0.946 |
| 1% 苦参碱 | $y=1.7122x+2.2516$ | 0.947 | 0.923～1.068 | 0.939 |
| 1% 苦参·藜芦碱可溶液 | $y=1.8057x+1.6105$ | 1.276 | 1.211～1.327 | 0.953 |
| 4% 鱼藤酮乳油 | $y=2.0106x+1.5237$ | 1.211 | 1.151～1.332 | 0.931 |
| 森得保 | $y=3.0121x+0.9116$ | 1.325 | 1.317～1.402 | 0.933 |
| 1% 苦皮藤素可溶液 | $y=1.2756x+1.9597$ | 1.327 | 1.319～1.462 | 0.941 |
| 0.5% 藜芦碱可溶液 | $y=1.6571x+1.2597$ | 1.541 | 1.519～1.601 | 0.932 |
| 25% 灭幼脲三号 | $y=1.7216x+1.6962$ | 5.969 | 5.752～6.265 | 0.949 |
| 0.4% 蛇床子素乳油 | $y=1.9216x+1.5731$ | 6.231 | 6.171～6.352 | 0.935 |
| 5% 桉油精可溶液 | $y=2.5061x-1.2527$ | 17.117 | 17.105～17.129 | 0.941 |

### （六）防治实例

【防治实例一】竹绒野螟幼虫期施放白僵菌粉提高竹林白僵菌的含量。每年 3 月中下旬施放白僵菌粉炮或喷洒白僵菌纯孢子粉。白僵菌粉炮用量 45～75 个 /hm$^2$，白僵菌纯孢子粉用量 22.5～30kg/hm$^2$，或喷洒绿僵菌菌粉。可使竹林的虫口下降 60%～70%，同时幼虫将相互感染，虫口量太大的竹林可间隔 15d 再施放 1 次。

【防治实例二】在幼虫转苞为害期间，选用农药与纯净水的体积比为 1∶1200 的 1.2% 烟碱·苦参碱乳油和 1.5% 苦参碱可溶液。或选用农药与纯净水的体积比为 1：900 的 4% 鱼藤酮乳油和 1% 苦参·藜芦碱可溶液。或选用农药与纯净水的体积比为 1：700 的 0.5% 藜芦碱可溶液，用药量为 900 mL/hm²。或选用农药与纯净水的体积比为 1：800 的 25% 阿维·灭幼脲悬浮剂和 1% 苦皮藤素可溶液，用药量为 1200 mL/hm²。采用人工地面或运用无人机低空喷雾，防治效果达 92% 以上。

【防治实例三】在竹绒野螟幼虫转苞为害期间，选用 1.1% 苦参碱粉剂，或选用森得保粉剂，用药量均为 30kg/hm²，运用无人机低空喷粉，其防治效果可达 85% 以上。

【防治实例四】在竹绒野螟幼虫期，选用 1.2% 烟碱·苦参碱乳油和 1.5% 苦参碱可溶液，采用药剂与烟雾剂体积比为 1：8。或选用 1% 苦参碱可溶液，采用药剂与烟雾剂体积比为 1：7。农药用量均是 900mL/hm²。于凌晨气温呈逆增时段，运用烟雾机喷烟，防治效果可达 95% 以上。

【防治实例五】在竹林边或竹林中选择视线较好的区域设置太阳能杀虫灯，于成虫期开灯诱杀成虫，可控制竹绒野螟的虫口数量，使附近的竹林达到有虫不成灾。

# 十、竹褐弄蝶

竹褐弄蝶（*Matapa aria*）属鳞翅目（Lepidoptera）弄蝶科（Hespridae）。竖翅弄蝶属（*Coeliades*）。在我国主要分布福建、湖南、江西和四川等地，在福建省主要分布于邵武、顺昌、光泽、福州等地。主要为害毛竹、刚竹等多种刚竹属植物。以幼虫吐丝结竹叶为苞，取食竹叶，为害严重时竹上虫苞累累，影响竹子质量及下年度出笋量。

## （一）形态特征

### 1. 竹褐弄蝶成虫

体长 1.4～1.8cm，翅展 4.1～4.5cm，前后翅均褐色，不具任何斑纹，缘

毛灰白色；反面翅棕色。触角褐色，
末端呈钩状，基部左右远离，下颚须
粗壮，向上弯至头前，喙卷曲于间，
复眼深红色。前胸簇较长、褐色。腹
部末端平截，最后两节着生黄色毛
簇，其余各节褐色（图7-33）。

图7-33  竹褐弄蝶成虫

### 2. 竹褐弄蝶卵

卵为半球形，直径约1.8mm，高
1.2mm。初产卵淡灰褐色，后转草绿色，卵粒顶部有玫瑰红色斑点出现，卵
表面满被小棘刺，并有六角形图案。

### 3. 竹褐弄蝶幼虫

初孵幼虫体长约2.0mm，头壳明显比体宽，头形浑圆，色泽漆黑发亮，
体呈淡红色。老熟幼虫体长28～32mm，头宽2.5～2.9mm，体淡绿色无斑纹，
头颅褐色，前胸细小呈颈状。腹部圆筒形，有9对气门，第1对和第9对
较大。

### 4. 竹褐弄蝶蛹

体长22～24mm，宽5～7mm，初化蛹鲜黄色后转黄白色。复眼黄褐色，
喙伸达腹部第8节I臂节上有许多小棘钩。

## （二）生物学特性

### 1. 生活史

竹褐弄蝶1年发生4代，以幼虫在竹上的卷苞内越冬，翌年3月下旬气温
回升时，幼虫重新取食。各代幼虫为害期分别在3月下旬至4月中旬、5月中
旬至6月上旬、6月下旬至7月中旬、8月上旬至8月下旬、9月中旬至11月
下旬。

### 2. 生活习性

竹褐弄蝶成虫昼夜均可羽化，以8∶00～11∶00为羽化最盛时段，以蛹顶

破卷苞下部的封堵物爬出，60min后翅膀伸展完整即可飞翔，人工套笼饲养羽化率为53%，寿命8～17d，平均11d。未经补充营养和飞翔的成虫不能产卵。据野外观察，成虫在竹林内穿梭飞行，飞翔速度迅速而带跳跃，常在花丛中吸取营养，卵散产在当年的新竹叶背面，每叶片产1粒，产完1粒后即飞起，离片刻后飞回再选1叶片，选中后再产1粒，喜把卵产在较阴凉的地方。卵期7～10d，平均8d，卵全天候可孵化，以10：00～14：00为最盛时段。幼虫共5龄，初龄幼虫从卵爬出后，略作停息即啃食卵壳，直至剩卵底，约60min后开始爬行，并在竹叶边缘咬住一片3～5mm长的叶片，将叶片从外向内卷成长筒形小苞，幼虫匿居其中取食叶肉，使叶片形成似如刀切的缺刻，幼虫在孵化前如遇气候干旱或高温，则较容易死亡。蜕皮前幼虫转移到新的叶片上另卷新苞，虫苞两头用竹叶封堵严密，停止取食2～3d后再脱皮，不食皮壳。虫苞的大小随虫龄增长而增大，4～5龄虫卷整片叶子，虫苞的上端为竹叶所密封，下端为少量丝网封堵，幼虫取食时从丝网爬出，虫体前半截露出苞外，啃食其他竹叶。幼虫忌避强光，白昼静伏苞中，17：00～19：00取食量最大、换苞最盛，阴雨天和重雾天幼虫喜离苞外出，爬到其他竹叶取食，此时如受惊动仍不会马上退回到原卷苞内。老熟幼虫在化蛹前，将蛹苞下端用最后一次的蜕皮封堵好，其卷苞比幼虫期的苞明显宽和短。体用臀刺钩着于丝垫上，头部朝下倒挂，蛹在苞内靠蛹体摆动，与竹叶摩擦，发出"叮当"的响声。蛹期平均为9d。

### （三）天敌种类

竹褐弄蝶的主要天敌有寄蝇（图7-34）和蚂蚁。

图7-34　寄蝇（*Tachinidae* sp.）

### （四）防治措施

（1）营林防治措施。科学加强管理，合理砍伐，保持竹林适当密度，提高竹林的抗性，结合竹林抚育，清除林间、林缘小灌木，减少蜜源植物，人工摘除虫苞。

（2）灯光诱杀，利用成虫的趋光性，在成虫羽化期设置黑光灯诱杀。

（3）幼虫期施药防治。①在竹林中施放白僵菌：每年3月中下旬在竹林施放白僵菌粉，以增加竹褐弄蝶幼虫的感病率，从而降低竹林的虫口数量。②选用生物农药喷雾防治：在幼虫转苞为害期间，采用烟碱·苦参碱、苦参碱和鱼藤酮等植物源农药喷雾，防治效果达95%以上。③选用生物农药喷烟防治：采用烟碱·苦参碱和苦参碱等植物源农药喷烟，防治效果达95%以上。

### （五）常见农药对竹褐弄蝶幼虫毒力指数

本书列出了常见几种无公害药剂对竹褐弄蝶幼虫室内毒力测定结果，见表7-11。

表7-11　常见农药对竹褐弄蝶幼虫室内毒力测定结果

| 药剂 | LC–P 毒力回归式<br>（$y=a+bx$） | $LC_{50}$<br>（mg/L） | 95% 置信限<br>（mg/L） | 相关系数<br>$r$ |
|---|---|---|---|---|
| 1.2% 烟碱·苦参碱乳油 | $y=5.3622x+2.3352$ | 0.716 | 0.652～0.823 | 0.941 |
| 1.5% 苦参碱可溶液 | $y=3.7512x+5.6203$ | 0.841 | 0.831～0.852 | 0.937 |
| 4% 鱼藤酮乳油 | $y=1.8271x+4.4752$ | 0.859 | 0.769～0.973 | 0.948 |
| 1% 苦皮藤素可溶液 | $y=1.6952x+2.9729$ | 0.872 | 0.826～0.961 | 0.935 |
| 1% 苦参碱 | $y=1.9562x+1.6203$ | 0.940 | 0.931～0.959 | 0.937 |
| 1% 苦参·藜芦碱可溶液 | $y=1.8057x+1.6105$ | 1.067 | 1.015～1.185 | 0.953 |
| 森得保 | $y=3.0518x+0.6912$ | 1.135 | 1.095～1.177 | 0.931 |
| 1.1% 苦参碱 | $y=1.9872x+2.1695$ | 1.151 | 1.132～1.209 | 0.933 |

（续）

| 药剂 | LC-P 毒力回归式<br>（$y=a+bx$） | LC$_{50}$<br>（mg/L） | 95% 置信限<br>（mg/L） | 相关系数<br>$r$ |
|---|---|---|---|---|
| 0.5% 藜芦碱可溶液 | $y=2.1762x+1.6253$ | 1.281 | 1.212～1.369 | 0.951 |
| 25% 灭幼脲三号 | $y=1.5216x+1.8962$ | 5.261 | 5.232～6.562 | 0.949 |
| 0.4% 蛇床子素乳油 | $y=1.4702x+1.2016$ | 5.845 | 5.832～5.981 | 0.936 |
| 5% 桉油精可溶液 | $y=5.2752x-1.3035$ | 17.141 | 17.132～17.152 | 0.939 |

### （六）防治实例

【防治实例一】竹褐弄蝶幼虫期施放白僵菌粉提高竹林白僵菌的含量。每年 3 月中下旬施放白僵菌粉炮或喷洒白僵菌纯孢子粉。白僵菌粉炮用量 45～75 个 /hm²，白僵菌纯孢子粉用量 22.5～30kg/hm²，或喷洒绿僵菌菌粉。可使竹林的虫口下降 60%～70%，同时幼虫将相互感染，虫口量太大的竹林可间隔 15d 再施放 1 次。

【防治实例二】在竹褐弄蝶幼虫转苞为害期间，选用农药与纯净水的体积比为 1∶1200 的 1.2% 烟碱·苦参碱乳油和 1.5% 苦参碱可溶液。或选用农药与纯净水的体积比为 1∶900 的 4% 鱼藤酮乳油和 1% 苦参·藜芦碱可溶液。或选用农药与纯净水的体积比为 1∶700 的 0.5% 藜芦碱可溶液，用药量为 900 mL/hm²。或选用农药与纯净水的体积比为 1∶800 的 25% 阿维·灭幼脲悬浮剂和 1% 苦皮藤素可溶液，用药量为 1200 mL/hm²。采用人工地面或运用无人机低空喷雾，防治效果达 92% 以上。

【防治实例三】在竹褐弄蝶幼虫转苞为害期间，选用 1.1% 苦参碱粉剂，或选用森得保粉剂，用药量均为 30kg/hm²，运用无人机低空喷粉，其防治效果可达 85% 以上。

【防治实例四】在竹褐弄蝶幼虫期，选用 1.2% 烟碱·苦参碱乳油和 1.5% 苦参碱可溶液，采用药剂与烟雾剂体积比为 1∶8。或选用 1% 苦参碱可溶液，采用药剂与烟雾剂体积比为 1∶7。农药用量均是 900mL/hm²。于凌晨气温呈逆增时段，运用烟雾机喷烟，防治效果可达95%以上。

【防治实例五】在竹林边或竹林中选择视线较好的区域设置太阳能杀虫灯，于成虫期开灯诱杀成虫，可控制竹褐弄蝶的虫口数量，使附近的竹林达到有虫不成灾。

# 十一、异歧蔗蝗

异歧蔗蝗（*Hieroglyphus tonkinensis*）直翅目（Orthoptera）斑腿蝗科（Catantopidae）蔗蝗属（*Hieroglyphus*）。分布于我国广东、广西、湖北、湖南、台湾、福建等地区。在福建主要分布于福安、福鼎、宁德以及龙岩等。主要为害麻竹、绿竹、凤尾竹、大眼竹、青皮竹以及蒲葵等。以若虫、成虫聚集取食竹叶。若虫嚼食竹叶，幼龄若虫为害竹叶形成不规则缺刻，老龄若虫为害竹叶仅留残片，使竹叶下垂枯死，似火烧状（图7-35）。成虫取食整片竹叶，轻者影响植株生长、退笋，重者成片枯死。

图7-35　异歧蔗蝗为害状

## （一）形态特征

### 1. 异歧蔗蝗成虫

雄成虫体长30～40mm，雌成虫体长40～52mm；体蓝绿色，头部、额、颊及后头侧花、上颚外面均为蓝绿色；头顶、后头上方、复眼等为黄褐色；触角28节，基部淡黄色，端部3～5节为淡黄白色，近端部5～6节为黑褐色。前胸背板、侧板蓝绿色，背板背面近前缘两侧各有一横行黑褐色凹纹，其后又有3条横行黑褐凹纹，前翅基部淡绿色，至端部为黄褐色，雌虫尾须楔形，而雄虫则末端分叉（图7-36）。

图 7-36　异歧蔗蝗成虫

**2. 异歧蔗蝗卵**

异歧蔗蝗卵为长椭圆形，稍弯曲，初产时为黄色，后渐变为深色。

**3. 异歧蔗蝗若虫**

异歧蔗蝗若虫也称幼蝻，体为褐色，背部中央从前胸到腹末有一黄花贯穿其中，花的两旁有黑褐色条纹，翅芽及触角随虫龄增大而增长。

**（二）生物学特性**

异歧蔗蝗 1 年发生 1 代。以卵块在土中越冬，翌年 6 月上旬卵陆续孵化，孵化期为 95d 左右，6 月中旬为卵孵化盛期，孵化时间整齐，同一卵块在 1d 内大部分孵出。孵化时头部先顶破卵壳，虫体脱下的卵壳留于土中。初孵若虫耐饥能力强，耐饥时长一般为 4～6d，最长的可达 8d。若虫共 6 龄，幼龄若虫多喜取嫩叶，成虫及老龄若虫多取食老叶。初孵若虫活跃善跳跃，当日即可取食，1、2 龄若虫多群集在林下杂草或杂竹等禾本科植物上取食，把叶片啃成许多缺刻。3 龄后开始上竹危害，也取食其他禾本科植物。若虫全天候取食，以上午 9：00 前、14：00 后取食最多，夏天天气炎热，中午前后栖息于竹下阴凉处。若虫为害期为 6 月上旬至 7 月下旬，经 5～6 次蜕皮后，于 7 月下旬至 8 月上旬陆续羽化为成虫，成虫为害期为 7 月下旬至 11 月上旬。成虫大量群集取食竹叶，是为害最重要阶段。成虫羽化 1d 后即可取食 2～3 片竹叶，成虫迁飞能力强，每次飞行距离为 8～10m，最长达 30m。成虫对人粪、尿、糖、醋等有趋性。夏天高温、强光也有下竹避阴的习性，成虫历期为 43d。成虫取食约 20d 后，开始交尾产卵，其卵集中产于向阳、杂草较疏松的沙壤土表土层（深 1～2cm）中，多在晚上及翌日上午进行，每头雌虫产 1～6 个卵块，每个卵块为 15～30 粒卵，多数为 20～25 粒，产卵后成虫死亡。

### （三）天敌种类

异歧蔗蝗的天敌：卵期主要天敌为红头豆芫菁、黑卵蜂；若虫和成虫期主要天敌为鸟类、寄生蝇等。

### （四）产卵地识别

异歧蔗蝗多产卵于向阳、杂草较疏松的沙壤土表土层（深 1～2cm）。林间可根据如下特征确定集中产卵地及产卵范围：

（1）一般在竹叶被害严重的山地有红头芫菁的地方就有卵存在。

（2）地面小竹、杂草被害严重的地方可能有卵块存在。

（3）产卵场所常常有异歧蔗蝗的尸体遗骸存在。

### （五）防治措施

（1）人工挖卵。异歧蔗蝗产卵集中，可于 11 月在其产卵多的地点挖除卵块。

（2）在若虫期于 10：00 前采用烟碱·苦参碱、苦参碱和鱼藤酮等植物源农药人工地面喷雾，防治效果达 95% 以上，注意喷药时需从四周往中间喷，以防若虫逃走。

（3）在成虫期时，采用烟碱·苦参碱、苦参碱和鱼藤酮等植物源农药喷雾，或采用灭幼脲三号喷雾，或采用苦参碱粉剂或苏云金杆菌粉喷粉，或采用烟碱·苦参碱和苦参碱等植物源农药喷烟，防治效果可达 95% 以上。

（4）若虫初期，释放白僵菌使其感染白僵菌而死亡。

（5）人工诱杀。利用异歧蔗蝗成虫具有趋尿的补充营养习性，用 100kg 尿中加入 2～3kg 烟碱·苦参碱和苦参碱等植物源农药拌匀，或用碳酸铵、碳酸氢铵和氯化铵水溶液代替人尿作为引诱剂，其浓度配比为 70g/L、80g/L 和 90g/L，在竹林中放置若干个扁平容器盛装毒饵诱杀成虫，可降低异歧蔗蝗成虫的数量，取很好防治效果。

### （六）常见农药对异歧蔗蝗毒力指数

本书列出了常见几种无公害药剂对异歧蔗蝗若虫和成虫的室内毒力测定结果，见表 7-12 至表 7-13。

表 7-12　常见药剂对异歧蔗蝗若虫室内毒力测定结果

| 药剂 | LC-P 毒力回归式 $(y=a+bx)$ | $LC_{50}$ （mg/L） | 95% 置信限 （mg/L） | 相关系数 $r$ |
|---|---|---|---|---|
| 1.2% 烟碱·苦参碱乳油 | $y=4.6172x+5.2536$ | 1.162 | 1.057~1.296 | 0.933 |
| 1.5% 苦参碱可溶液 | $y=3.9827x+3.1875$ | 1.359 | 1.342~1.415 | 0.942 |
| 1% 苦参碱 | $y=2.9751x+2.2116$ | 1.437 | 1.423~1.517 | 0.929 |
| 1.1% 苦参碱 | $y=2.1376x+1.1782$ | 1.487 | 1.471~1.503 | 0.937 |
| 1% 苦参·藜芦碱可溶液 | $y=1.4071x+2.0721$ | 1.511 | 1.493~1.601 | 0.953 |
| 1% 苦皮藤素可溶液 | $y=2.7012x+1.3972$ | 1.562 | 1.553~1.627 | 0.948 |
| 4% 鱼藤酮乳油 | $y=2.8126x+1.5636$ | 1.602 | 1.587~1.731 | 0.931 |
| 森得保 | $y=2.3862x+1.1125$ | 1.726 | 1.701~1.752 | 0.945 |
| 0.5% 藜芦碱可溶液 | $y=1.3012x+1.2307$ | 1.925 | 1.912~1.941 | 0.928 |
| 0.4% 蛇床子素乳油 | $y=1.9451x+1.5235$ | 6.521 | 6.498~6.761 | 0.952 |
| 25% 灭幼脲三号 | $y=4.0216x-1.2696$ | 12.969 | 12.752~13.365 | 0.949 |
| 5% 桉油精可溶液 | $y=1.4561x-6.4261$ | 18.682 | 18.576~19.102 | 0.931 |

表 7-13　常见药剂对异歧蔗蝗成虫室内毒力测定结果

| 药剂 | LC-P 毒力回归式 $(y=a+bx)$ | $LC_{50}$ （mg/L） | 95% 置信限 （mg/L） | 相关系数 $r$ |
|---|---|---|---|---|
| 1.2% 烟碱·苦参碱乳油 | $y=4.6351x+5.3521$ | 1.269 | 1.157~1.373 | 0.922 |
| 1.5% 苦参碱可溶液 | $y=3.1736x+2.3572$ | 1.627 | 1.587~1.661 | 0.931 |
| 1.1% 苦参碱 | $y=2.5172x+3.5976$ | 1.662 | 1.627~1.933 | 0.941 |
| 1% 苦参碱 | $y=3.7016x+2.6612$ | 1.725 | 1.687~1.802 | 0.929 |
| 森得保 | $y=2.8726x+0.9652$ | 1.781 | 1.716~1.821 | 0.937 |
| 4% 鱼藤酮乳油 | $y=1.6527x+2.5152$ | 1.836 | 1.789~1.931 | 0.945 |

（续）

| 药剂 | LC-P 毒力回归式<br>（$y=a+bx$） | LC$_{50}$<br>（mg/L） | 95% 置信限<br>（mg/L） | 相关系数<br>$r$ |
|---|---|---|---|---|
| 1% 苦参·藜芦碱可溶液 | $y=1.7281x+1.6271$ | 1.852 | 1.763～1.977 | 0.951 |
| 1% 苦皮藤素可溶液 | $y=2.7526x+1.5851$ | 1.891 | 1.887～1.935 | 0.926 |
| 0.5% 藜芦碱可溶液 | $y=1.1126x+1.7127$ | 1.972 | 1.952～2.125 | 0.921 |
| 0.4% 蛇床子素乳油 | $y=1.5725x+1.1352$ | 6.516 | 6.395～6.657 | 0.943 |
| 5% 桉油精可溶液 | $y=1.9327x-1.6212$ | 19.852 | 18.872～19.321 | 0.927 |

### （七）防治实例

【防治实例一】在异歧蔗蝗若虫期，选用农药与纯净水的体积比为
1∶1000 的 1.2% 烟碱·苦参碱乳油和 1.5% 苦参碱可溶液。或选用农药与纯
净水的体积比为 1∶800 的 4% 鱼藤酮乳油和 1% 苦参·藜芦碱可溶液，用药
量为 900 mL/hm²。或选用农药与纯净水的体积比为 1∶700 的 25% 阿维·灭
幼脲悬浮剂和 1% 苦皮藤素可溶液，用药量为 1200 mL/hm²。采用人工地面
四周向内喷雾，防治效果达 90% 以上。

【防治实例二】在异歧蔗蝗若虫期，选用 1.1% 苦参碱粉剂，或选用森得
保粉剂，用药量均为 22.5kg/hm²，运用人工地面喷粉，其防治效果可达 90%
以上。

【防治实例三】在异歧蔗蝗成虫期间，选用农药与纯净水的体积比为
1∶900 的 1.2% 烟碱·苦参碱乳油和 1.5% 苦参碱可溶液，或选用农药与纯净
水的体积比为 1∶700 的 4% 鱼藤酮乳油和 1% 苦参·藜芦碱可溶液，用药量
均为 1050 mL/hm²。或选用农药与纯净水的体积比为 1∶600 的 25% 阿维·灭
幼脲悬浮剂和 1% 苦皮藤素可溶液，用药量为 1350 mL/hm²。采用人工地面
或无人机低空喷雾，防治效果达 90% 以上。

【防治实例四】在异歧蔗蝗成虫期间，选用 1.1% 苦参碱粉剂，或选用森
得保粉剂，用药量均为 30kg/hm²，运用人工地面或无人机低空喷粉，其防治

效果可达90%以上。

【防治实例五】在异歧蔗蝗成虫期间，选用1.2%烟碱·苦参碱乳油和1.5%苦参碱可溶液，采用药剂与烟雾剂体积比为1∶7。或选用1%苦参碱可溶液，采用药剂与烟雾剂体积比为1∶6。农药用量均是900mL/hm$^2$。于凌晨气温呈逆增时段，运用烟雾机喷烟，防治效果可达90%以上。

【防治实例六】在异歧蔗蝗成虫期，选用碳酸铵、碳酸氢铵和氯化铵水溶液可代替人尿作为引诱剂，其最佳浓度配比为70g/L、80g/L和90g/L，选用1%苦参·藜芦碱可溶液、1.2%烟碱·苦参碱乳油、0.5%藜芦碱可溶液、1.5%苦参碱可溶液和4%鱼藤酮乳油5种植物源农药可代替化学药剂作为胃毒剂，胃毒剂与引诱剂的容积比：1.2%烟碱·苦参碱乳油和1.5%苦参碱可溶液均为1∶30，1%苦参·藜芦碱可溶液和4%鱼藤酮乳油均为1∶20，0.5%藜芦碱可溶液为1∶15，制备成毒饵，在竹林均匀设置若干个点，每个点放置1～3个开口约15cm扁平的容器，用于盛装毒饵诱杀成虫，每7d或大雨后更换1次毒饵，此措施在竹蝗的整个成虫期均可不间断地采用，可起到控制异歧蔗蝗成虫的虫口数量，使竹林达到有虫不成灾。

# 参考文献

卜元卿，王皙畅，智勇，等，2014.农药制剂中助剂使用状况调研及风险分析 [J]. 农药，53（12）：932–936.

陈明，2018.不同植物源杀虫剂对黄刺蛾幼虫的防治效果分析 [J]. 中国园艺文摘，34（5）：56–59.

陈明，2016.几种植物源农药对刚竹毒蛾幼虫的防治效果研究 [J]. 世界竹藤通讯，14（6）：6–10.

慈颖，马爱敏，张顺合，2009.植物源杀虫剂有效成分提取技术的研究进展 [J]. 中华卫生杀虫药械，15（2）：166–168.

杜小凤，徐建明，王伟中，2000.植物源农药研究进展 [J]. 农药，39（11）：80–10.

丁吉同，唐桦，阿地力·沙塔尔，等，2013.4 种植物源杀虫剂对亚洲型舞毒蛾幼虫的毒性与拒食作用 [J]. 南京林业大学学报（自然科学版），37（4）80–84。

邓勋，马晓乾，魏霞，等，2009.3 种植物源杀虫剂防治樟子松球果象甲药效试验 [J]. 林业科技，34（1）：26–28.

段永春，白小宁，2011.4 种植物源杀虫剂在茶树假眼小绿叶蝉防治中的应用 [J]. 中国植保导刊，31（9）：45–47.

方蓉，吴鸿，王浩杰，等，2015.氯化钠和碳酸氢铵溶液对黄脊竹蝗的引诱效果 [J]. 浙江农林大学学报，32（3）：434–439.

洪宜聪，2020.5 种植物源农药对黄脊竹蝗毒力及毒饵的制备与防治效果 [J]. 世界竹藤通讯，18（4）：13–20.

洪宜聪，王启其，黄健韬，等，2019.闽楠人工林土壤肥力及其涵养水源功能 [J]. 东北林业大学学报，47（3）：68–73.

洪宜聪，2017. 马尾松闽粤栲异龄复层混交林的林分特征及涵养水源能力 [J]. 东北林业大学学报，45（4）：54–59.

洪宜聪，2017. 杉木林套种闽粤栲林分特性及其涵养水源功能 [J]. 西北林学院学报，32（3）：71–77.

洪宜聪，2009. 竹镂舟蛾无公害防治技术研究 [J]. 江苏林业科技，36（2）：31–33.

洪宜聪，林华，张清，2014. 不同浓度的 3 种药剂对黑竹缘蝽的防治效果研究 [J]. 西南林业大学学报，34（3）：107–110.

洪宜聪，2015. 不同植物源杀虫剂对闽粤栲食叶害虫防治效果分析 [J]. 西南林业大学学报，35（5）：71–76.

洪宜聪，2016. 植物源农药对豆芫菁的毒力测定和防治效果 [J]. 福建林业科技，43（4）：53–56.

洪宜聪，2013. 黄脊竹蝗无公害防治技术 [J]. 林业科技开发，27（4）：114–116.

洪宜聪，2013. 植物源农药喷烟防治竹镂舟蛾试验 [J]. 竹子研究汇刊，32（2）：52–54.

洪宜聪，2008.3% 高渗苯氧威防治波纹杂毛虫试验 [J]. 江苏林业科技，35（4）：20–23.

洪宜聪，2002. 波纹杂毛虫综合防治试验 [J]. 福建林业科技，29（3）：46–50.

洪宜聪，花锟福，卓盛辉，等，2005. 波纹杂毛虫飞机防治试验 [J]. 林业科技开发，19（6）：34–36.

洪宜聪，2013. 苦参碱对刚竹毒蛾幼虫的防治效果 [J]. 福建林业科技，40（2）：37–39.

洪宜聪，2008. 苦参·烟碱烟剂防治刚竹毒蛾试验研究 [J]. 世界竹藤通讯，6（2）：46–48.

洪宜聪，2015. 方竹笋用林丰产栽培技术 [J]. 世界竹藤通讯，13（6）：25–28.

洪宜聪，郑双全，林华，等，2015 闽粤栲栽培技术规范（DB35/T1525–2015）[S]. 福州：福建省标准化研究院 .

黄健韬，2019.6 种植物源农药对竹斑蛾幼虫的毒力及应用分析 [J]. 世界竹藤通讯，17（5）：40–46.

花爱梅，2017. 几种植物源杀虫剂防治黑竹缘蝽效果分析 [J]. 世界竹藤通讯，15（5）：16–19.

韩小冰，马玲，谢龙，2010. 植物药对害虫有效控制的研究进展 [J]. 东北林业大学学报，38（12）：108–110，120.

黄露，高绘菊，王彦文，等，2015. 植物源杀虫剂苦参碱对家蚕的毒性试验 [J]. 蚕业科学，41（3）：477–485.

乐兴钊，2017.6 种植物源农药对黄纹竹斑蛾防治效果分析 [J]. 世界竹藤通讯，15（7）：20–25.

罗成，应盛华，冯明光，2011. 球孢白僵菌对斜纹夜蛾高毒菌株筛选与制剂的研发 [J]. 中国生物防治学报，27（2）：188–196.

罗会斌，李忠俊，杨洪，2012.5 种植物源杀虫剂防治烟蚜效果研究 [J]. 生物灾害科学，35（4）：356–358.

李晓玲，金晓弟，2004. 植物源杀虫剂研究进展 [J]. 中国媒介生物学及控制杂志，15（5）：406–409.

茅隆森，2018.5 种植物源杀虫剂对淡竹毒蛾幼虫的毒力及林间防治效果 [J]. 世界竹藤通讯，16（3）：6–10.

茅水旺，2014. 几种烟雾剂防治波纹杂毛虫试验 [J]. 江苏林业科技，41（2）：16–19.

马承慧，杨国亭，刘牧，等，2008. 植物源杀虫剂及其木醋液混合液对油松毛虫的防治效果 [J]. 东北林业大学学报，36（3）：76–77.

彭万达，2016. 植物源杀虫剂的特性和应用 [J]. 甘肃科技，32（19）：143–145.

沈彩霞，2020.5 种农药低空喷雾防治黄脊竹蝗成虫效果分析 [J]. 世界竹藤通讯，18（5）：25–31.

汤万辉，2015. 采用苦参碱防治樟叶蜂幼虫的效果分析 [J]. 中国园艺文摘，31（4）：38–39.

魏汉莲，庄敬华，钟惠伦等，2006. 植物源农药"天野二号"的抑菌防病效果研究 [J]. 吉林农业大学学报，28（12）：13–15.

王启其，2020.5 种植物源农药防治松丽毒蛾的效果分析 [J]. 福建林业科技，47（2）：31-35.

吴钜文，陈建峰，2002. 植物源农药及其安全性 [J]. 植物保护，28（4）:39-41.

许春枝，2019. 植物源杀虫剂对石竹竹斑蛾幼虫的防治效果 [J]. 世界竹藤通讯，17（2）：26-30.

夏德全，2016. 福建沙县毛竹主要害虫发生成因与防控对策 [J]. 世界竹藤通讯，14（3）：27-30.

肖春辉，2015.5％桉油精对竹斑蛾幼虫的防治效果分析 [J]. 世界竹藤通讯，13（3）：25-28.

修玉冰，刘崇卿，郑淇元，等，2020. 毛竹笋用林安全高效培育现状分析 [J]. 世界竹藤通讯，18（5）：25-31.

杨希，范弘达，洪宜聪，等，2018. 植物源杀虫剂对杉木扁长蝽若虫的防治效果 [J]. 林业与环境科学，34（3）：51-57.

余德才，翁素红，邹力骏，等，2003. 毛竹林主要害虫工程治理技术 [J]. 林业科学研究，33（5）：501-505.

张振威，赵清泉，郝昕，等，2019. 阿维菌素和甲维盐对舞毒蛾幼虫的毒力及解毒酶活性的影响 [J]. 东北林业大学学报，47（5）：118-122.

曾荣樟，2015. 苦参碱杀虫粉剂对竹斑蛾防治效果分析 [J]. 世界竹藤通讯，13（1）：18-20.

郑庆松，2014. 应用喷烟技术防治竹小斑蛾试验 [J]. 世界竹藤通讯，12（2）：10-13.

张兴，马志卿，冯俊涛，等，2015. 植物源农药研究进展 [J]. 中国生物防治学报，31（5）：685-698.

郑双全，2016. 福建三明仙人谷国家森林公园竹类观赏园竹子种类及生长状况调查 [J]. 世界竹藤通讯，14（3）：17-23.

郑双全，2016. 勃氏甜龙竹引种及栽植技术研究 [J]. 世界竹藤通讯，14（4）：18-21.

章一巧，等，2012.6 种药剂防治栎黄枯叶蛾幼虫的毒力和药效评价 [J]. 西北农业学报，21（10）：165-168.

张小霞，尹新明，梁振普，2010. 害虫生物防治技术基础与应用 [M]. 北京：科学出版社.

中华人民共和国国家质量监督检验检疫总局,中国国家标准化管理委员会,2004.
GB/T17980.54～17980.148—2004.农药田间药效试验准则(二)[S].北京:中国标准出
版社.

JAM N A,KOCHEYLI F,MOSSADEGH M S,et al,2014.Lethal and sub-lethal effects of
imidacloprid and pirimicarb on the melon aphid, *Aphis gossypii* Glover(Hemiptera:Aphidae)
under laboratory conditions[J].Journal of Crop Production,3(1):89-98.

ZHU Y M,LOSO M R,WATSON G B,et al,2011.Discovery and characterization of
sulfoxaflor,a novel insecticide targeting sap-feeding pests[J].Journal of Agricultural and Food
Chemistry(59):2950-2957.

# 附 录

## 主栽竹种主要食叶害虫及防治方法

| 主要食叶害虫 | 主要习性和为害特征 | 主要防治方法 |
|---|---|---|
| 刚竹毒蛾（Pantana phyllostachysae），鳞翅目毒蛾科 | 1年发生3代，以卵在竹叶背面越冬或1~2龄幼虫在叶背越冬。以幼虫取食竹叶 | (1) 营林措施：加强竹抚育管理，适当保留竹林中其他树种，维护竹林生物多样性，保护与利用天敌。<br><br>(2) 灯光诱杀，利用成虫的趋光性，在成虫盛发期设置黑光灯以或太阳能诱虫灯诱杀。<br><br>(3) 在竹林中施放白僵菌，每年3月中下旬在竹林施放白僵粉，用量22.5~30 kg/hm²。<br><br>(4) 在幼虫期，在3龄幼虫前（括号内为竹楼舟蛾，竹箩舟蛾的最佳配比度或用药量。竹楼舟蛾喷药应不少于2次，同隔以15d为宜）：①喷雾：选用农药与纯净水的体积比为1:1300（1:1200）的1.2% 烟碱·苦参碱乳油和1.5% 苦参·烟碱乳油和1% 苦参·鱼藤酮乳油的0.5% 苦参·藜芦碱可溶液。或1:1000（1:900）的4% 鱼藤乳油和1% 苦参·藜芦碱可溶液。或选用农药与纯净水的体积比为1:800（1:700）的0.5% 苦参·藜芦碱可溶液。或1:900（1:800）的25% 阿维·灭幼脲悬浮剂和1% 苦皮藤素可溶液。用药量为1200 mL/hm²。采用人工地面或运用无人机低空喷雾。②喷粉：喷撒Bt或1.1% 苦参碱粉剂或森得保粉剂，用药量均为22.5 kg/hm²。③喷烟：选用1% 苦参碱可溶液、对较嫩的林分，干较晨或傍晚大气形成逆温层时段，风速在1 m/s以内时，选用1.2% 烟碱·苦参碱可溶液、苦参碱乳油和1.3% 苦参碱可溶液，采用药剂与烟雾剂体积比为1:9（1:8）。或选用1% 苦参碱可溶液，采用药剂与烟雾剂体积比为1:8（1:7）。农药用量是750mL/hm²（900mL/hm²）。运用烟雾机喷烟 |
| 黄纹竹斑蛾（Allobremeria Plurilineata），鳞翅目斑蛾科 | 1年发生3~4代，以老熟幼虫或蛹在茧内越冬。茧结于林内杂草灌木、石块或枯枝落叶层较厚处。以幼虫取食竹叶 | |
| 淡竹毒蛾（Pantana simplex），鳞翅目毒蛾科 | 1年发生1代，以卵和少数1~2龄幼虫在竹叶背面越冬。以幼虫取食竹叶 | |
| 竹小斑蛾（Artona funeralis），鳞翅目斑蛾科 | 1年发生3代，以老熟幼虫在竹箨内壁、石块下和枯竹筒内结茧越冬。以幼虫取食竹叶 | |
| 竹楼舟蛾（Loudonta dispar），鳞翅目舟蛾科 | 1年发生3~4代，以老熟幼虫在地面浅土、落叶中作茧越冬或以4代在竹干上越冬。以幼虫取食竹叶 | |
| 竹箩舟蛾（Besaia godabrica），鳞翅目舟蛾科 | 1年发生4代。以幼虫在竹林中缀叶为苞并在其中越冬，以幼虫取食竹叶 | |
| 华竹毒蛾（Pantana sinica），鳞翅目毒蛾科 | 1年发生3代，以蛹在竹秆中下部越冬。以幼虫取食竹叶 | |

| 主要食叶害虫 | 主要习性和为害特征 | 主要防治方法 |
|---|---|---|
| 黄脊竹蝗（Ceracris kiangsu），直翅目网翅蝗科<br>青脊竹蝗（Ceracris nigricornis），直翅目网翅蝗科 | 1年发生2代。以卵在表土层越冬。以跳蝻或成虫取食寄主植物的叶片 | （1）营林措施：加强竹抚育管理，维护竹林生物多样性，破坏越冬场所，挖除卵块，适当保留林中其他树种，初期，在竹林中施放白僵菌，保护与利用天敌。<br>（2）干跳蝻（或若虫）初期，每年4月中下旬在竹林施放白僵菌粉，用量22.5～30 kg/hm²。<br>（3）在跳蝻期（或若虫）。①喷雾：跳蝻（或若虫）未上竹时。选用农药与纯净水的体积比为1:1000的1.2%烟碱乳油和1.5%苦参碱可溶液，或1:800的4%鱼藤酮乳油和1%苦参·藜芦碱，用药量均为900 mL/hm²。或1:700的25%阿维·灭幼脲悬浮剂和1%苦参皮藤素可溶液与1200 mL/hm²的人工地面喷雾。在跳蝻（或若虫）上竹后或成虫期间。选用从四周向内的人工地面喷雾。选用农药与纯净水的体积比为1:900的1.2%烟碱和1.5%苦参碱可溶液，或1:700的4%鱼藤酮乳油和1%苦参·藜芦碱可溶液，用药量均为1050 mL/hm²，或1:600的25%阿维·灭幼脲悬浮剂和1%苦皮藤素可溶液，用药量为1350 mL/hm²。从采用人工地面或无人机低空喷雾。②喷粉：跳蝻（或若虫）未上竹时。喷撒 Bt 或 0.1% 苦参碱粉剂或成虫喷粉，用药量均为30 kg/hm²，选用1.1%苦参碱粉剂，或选用森得保粉剂。用药量均为22.5 kg/hm²，或选用苦参碱粉剂，运用人工地面或无人机低空喷粉。③喷烟：在跳蝻（或若虫）上竹后，选用药剂与烟雾剂体积比为1:7的1.2%烟碱·苦参碱乳油和1.5%苦参碱可溶液，或1:6的1%苦参碱可溶液，于凌晨或傍晚气温呈逆增时段，运用烟雾机喷烟。<br>（4）诱杀成虫。在成虫期，选用浓度配比为70g/L、80g/L 和 90g/L 的碳酸铵、碳酸氢铵和氯化铵水溶液为引诱剂，选用1%苦参·藜芦碱可溶液、1.2%烟碱·苦参碱乳油，0.5%藜芦碱·苦参碱可溶液和4%鱼藤酮乳油5种植物源农药作为胃毒剂，胃毒剂与引诱剂的容积比：1.2%烟碱 1:30，1%苦参·藜芦碱可溶液为1:15，苦参碱可溶液均为1:20，0.5%藜芦碱可溶液为1:15，制备成诱饵，用于盛装成诱饵，每个点放置1～3个开口约15cm扁平的容器，每7d或大雨后更换1次诱饵，此措施在整个成虫期均可采用，用于盛装毒阿诱毒杀成虫，放置在整个盛发期均不同地采用。 |
| 异歧蔗蝗（Hieroglyphus tonkinensis），直翅目蝗科 | | |

| 主要食叶害虫 | 主要习性和为害特征 | 主要防治方法 |
| --- | --- | --- |
| 竹织野螟（*Crocidophora evenoralis*），鳞翅目螟蛾科 | 1 年发生 1 代，以 2～3 龄幼虫于当年小年竹竹叶上卷 1 片叶为苞在内越冬。以幼虫卷苞取食竹叶 | （1）营林措施：加强竹抚育管理、摘除虫苞，适当保留竹林中其他树种，维护竹林生物多样性，保护与利用天敌。<br>（2）灯光诱杀，利用成虫的趋光性，在成虫盛发期设置黑光灯或太阳能诱虫灯诱杀。<br>（3）在竹林中施放白僵菌，每年 3 月中下旬在竹林施放白僵菌，用量 22.5～30 kg/hm²。<br>（4）在幼虫转苞为害期间：①喷雾：选用农药与纯净水的体积比为 1:1200 的 1.2% 烟碱·苦参碱乳油和 1.5% 苦参碱可溶液。或 1:900 的 4% 鱼藤酮乳油和 1% 苦参·藜芦碱可溶液。或选用农药与纯净水的体积比为 1:700 的 0.5% 藜芦碱可溶液。用药量均为 900 mL/hm²。或 1:800 的 25% 阿维·灭幼脲悬浮剂和 1% 苦皮藤素可溶液，用药量为 1200 mL/hm²。采用人工地面或运用无人机低空喷雾。②喷粉：喷撒 Bt 或 1.1% 苦参碱粉剂或森得保粉剂，用药量均为 30 kg/hm²。③喷烟：对较密的林分，于凌晨或傍晚大气形成逆温层时段，风速在 1 m/s 以内时，选用药剂与烟雾剂体积比为 1:8 的 1.2% 烟碱·苦参碱乳油和 1.5% 苦参碱可溶液，或选用 1:7 的 1% 苦参碱可溶液，运用烟雾机喷烟。农药用量均是 900 mL/hm² |
| 竹褐弄蝶（*Matapa aria*），鳞翅目弄蛾科 | 1 年发生 4 代。以幼虫在竹上的卷苞内越冬。以幼虫吐丝结竹叶为苞取食竹叶 | |